"十四五"职业教育部委级规划教材

纺织纤维材料与鉴别

阳建斌　编著

中国纺织出版社有限公司

内 容 提 要

本教材是课程和职业技能认证融通教材，系统介绍了纤维素纤维、蛋白质纤维、合成纤维的结构、物理性能和化学性能，并有纺织纤维鉴别的实训内容，理论联系实际，培养学生的实践能力。每章后附有练习题，便于学生掌握教材中的重点和难点。以附录的形式列出了《纤维检验工》国家职业技能标准，供课程内实现职业技能认证参考。

图书在版编目（CIP）数据

纺织纤维材料与鉴别 / 阳建斌编著. --北京：中国纺织出版社有限公司，2023.7

"十四五"职业教育部委级规划教材

ISBN 978-7-5229-0624-9

Ⅰ.①纺… Ⅱ.①阳… Ⅲ.①纺织纤维–鉴别–职业教育–教材 Ⅳ.①TS102

中国国家版本馆CIP数据核字（2023）第094164号

责任编辑：朱利锋　　责任校对：王蕙莹　　责任印制：王艳丽

中国纺织出版社有限公司出版发行
地址：北京市朝阳区百子湾东里A407号楼　邮政编码：100124
销售电话：010—67004422　传真：010—87155801
http://www.c-textilep.com
中国纺织出版社天猫旗舰店
官方微博 http://weibo.com/2119887771
三河市宏盛印务有限公司印刷　各地新华书店经销
2023年7月第1版第1次印刷
开本：787×1092　1/16　印张：11.25
字数：240千字　定价：68.00元

本书是根据高职院校染整技术专业人才培养方案和教学标准编写。本书简要介绍纺织纤维材料的基本概念和分类，并详细叙述纤维素纤维、蛋白质纤维和合成纤维等的结构、物理性能及化学性能。

按照高等职业教育的教学特点和教学要求，本书从认识纤维、纱线和织物开始，进行纱线线密度、织物密度的测定，让读者由表及里，由可观测的纤维形态到逐渐理解纤维的分子结构、物理性能和化学性能。本书将涉及的高分子化学与物理的基础知识集中在第二章介绍，便于读者对后续章节内容的理解。本书引入相关的技能训练和实验实训内容，是理实一体化教材。本书在章后设有练习题，便于学生掌握教材中的重点和难点。在附录中引入纺织纤维检验工职业技能标准，便于读者进行培训和技能等级认证，实现课证融通。

本书在整理、编写过程中得到了中国纺织服装教育学会全国染整技术专业教学指导委员会、成都纺织高等专科学校的大力支持，在此表示衷心的感谢。本书在编写过程中也参考了大量文献，在此对文献原作者表示真诚的谢意。

由于编者水平有限，经验不足，书中难免会有疏漏之处，敬请广大读者批评指正。

编者

2023年2月

课程名称：纺织纤维材料与鉴别

适用专业：染整技术

总学时：64，其中理论教学时数48，实践教学时数16，考查机动学时数2。

课程性质：染整技术专业的专业基础课程。

课程内容服务的职业岗位：染整专业技术人员、纤维检验工、纺织染色工。

课程目标：

（1）掌握纺织纤维、纱线和织物的基础知识；

（2）掌握各类纺织纤维（纤维素纤维、蛋白质纤维和合成纤维）的形态结构、分子结构、聚集态结构、力学性能和化学性能；

（3）掌握纺织纤维的鉴别和分析方法。

课程教学的基本要求：教学环节包括课堂教学、技能训练、理论知识训练和考核。通过各教学环节使学生掌握相应的理论知识和专业技术技能。

课堂教学方式：灵活采用小组讨论学习、任务驱动教学、案例教学等方法，以工作岗位为导向，联系生产实践、生活常识，结合多媒体视频，浅显易懂直观讲解基础概念，再由浅入深学习理论知识。

技能训练方式：采用"任务驱动"和"学做合一"等教学方法，进行实验实训，培养学生对纺织纤维鉴别、检验的能力。

Contents
目　录

第一部分　理论知识

第二部分 技能训练

理论知识

第一章　纺织纤维、纱线和织物

第一节　纺织纤维

远在原始社会，我们的祖先已经利用天然的葛、麻、蚕丝或者狩猎获得的兽皮、毛羽加工成简单的衣服，以遮体御寒。原始社会后期，随着社会的进步、生产的发展，特别是农牧业的发展，人们学会了种麻索缕、育蚕抽丝、养羊取毛，以获取纺织所需的原料——纺织纤维（textile fiber）。

纺织纤维的发展对化学纤维、纺织、染整工业的技术进步起到了极大的推动作用。尤其是自20世纪30年代，科学家对纤维素结构的成功分析，不仅为化学纤维工业的发展奠定了坚实的基础，而且对染整加工基础理论的研究和发展起到了积极的推动作用。

一、纺织纤维的概念

纺织纤维就是长度远远大于直径，并且具有一定柔韧性，能纺成纱线并通过机织、针织、编结以及其他编织方式制成各种纺织品的纤维。

根据长度的不同，可将纤维分为短纤维（如棉、麻等）和长纤维（或长丝，如蚕丝）。短纤维的长度较短，如棉的长度在30～40mm、亚麻的长度在11～38mm、山羊绒的长度在30～40mm等，而春蚕茧丝长900～1500m。由于化学纤维是通过纺丝方法制成的，所以其长度可自由调节，可以根据需要制成不同的长度，如仿棉型纤维的长度在30～40mm，仿毛型纤维的长度在75mm左右。长度在51～75mm的纤维称为中长纤维。

自然界中存在着许多种类的纤维，但这些纤维并不是都能用于纺织加工，这是因为纤维形成织物需要进行一系列的化学和物理机械加工过程。而且人们在使用这些织物时，也需要织物具有一定的服用性能。因此，为满足纺织加工的需要和人们对织物服用性能的要求，纺织纤维必须具备一定的性能。

二、纺织纤维的性能

1. 物理性能

（1）长度。长度在10mm以上的纤维才具有纺织价值。过短，则可纺性差，只能用作造纸或再生纤维的原料。

（2）力学性能。纺织纤维在加工及使用过程中，经常受到外力的拉伸、揉搓、摩擦等作用。因此，纺织纤维必须具备一定的强度、延伸性、弹性等力学性能。

（3）热性能。纺织纤维对热应具有一定的稳定性，以保证纤维在使用及加工过程中遇高温不分解，低温不僵硬。

此外，纺织纤维还应具有一定的光泽、吸湿性、柔软性等性能，以保证服用过程中的舒适性。

2. 化学性能

纤维经纺织加工后形成的产品绝大多数不能直接使用，其制品一般要经过染整加工才能成为具有使用价值的纺织产品。而在染整加工中，纤维或坯布要经受许多化学加工过程，经常接触水、化学品（如酸、碱、氧化剂、还原剂等）、染料和助剂等。所以，纺织纤维必须具备一定的耐水性、化学稳定性和可染性，以保证正常加工的需要。为满足人们的服用要求，纺织纤维还应具有耐日晒、耐紫外线、耐气候等性能。

三、纺织纤维的分类

纺织工业目前使用的纤维种类很多。纺织纤维按其来源来分有两大类，即天然纤维和化学纤维。纺织纤维的分类见表1-1-1。

表1-1-1　纺织纤维的分类

纺织纤维	天然纤维	植物纤维	棉、麻
		动物纤维	羊毛、蚕丝
		矿物纤维	石棉
	化学纤维	再生纤维	再生纤维素纤维	黏胶纤维、天丝
			再生蛋白质纤维	大豆纤维
		合成纤维	聚酯纤维	涤纶
			聚酰胺纤维	锦纶
			聚丙烯腈纤维	腈纶
			聚氨酯纤维	氨纶
			聚丙烯纤维	丙纶

四、纺织纤维材料的应用

纺织行业将棉、麻、丝、毛、化纤等各种天然或合成高分子材料经过生产加工制得可以供给纺织服装行业和其他行业使用的纱线、坯布、非织造布等。从纤维到服装的生产过程如图1-1-1所示。

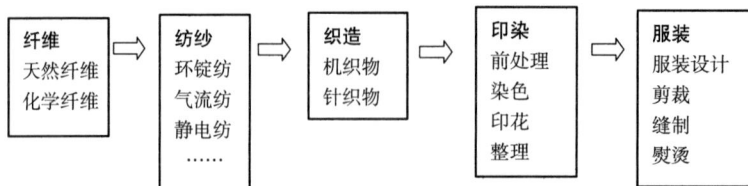

图1-1-1　从纤维到服装的生产过程

纺织纤维材料有如下三大应用领域。

（1）服装用纺织品。女装、男装、童装、运动与休闲装、职业装、羽绒服、内衣、服装辅料、服饰等。

（2）家用纺织品。窗帘、沙发布、台布、床品、毛巾等。

（3）产业用纺织品。医疗与卫生用纺织品、过滤与分离用纺织品、土工用纺织品、建筑用纺织品、汽车用纺织品、安全与防护用纺织品、农业用纺织品、篷帆类纺织品、合成革用纺织品、文体与休闲用纺织品等。

第二节　纱、线和丝

纱线（yarn）是以纺织纤维为原料制成的具有一定力学性质的连续线状物体。它们细而柔软，并具有适合纺织加工和最终产品使用所需要的基本性能。

一、纱、线、丝的概念

（一）纱

纱是由一股纤维束捻合而成的。短纤维纱是以短纤维为原料经过纺纱工艺制成的纱。短纤维的成纱工艺可分两个阶段：成条和成纱。从纤维原料的松解到制成纤维束条的工艺过程称为"成条"。成纱的方法主要有环锭纺纱法、气流纺纱法、静电纺纱法、自捻纺纱法和包缠纺纱法等。纺纱生产工序如下：

（1）清棉。根据棉纱配棉要求，把不同的原料经开松、除杂、混合，制成符合要求的棉卷，供梳棉工序使用。

（2）梳棉。将清棉工序制成的棉卷，经过梳棉机把棉卷中的棉块、棉束分梳成单纤维状态并进一步清除原棉中的细小杂质，再经过锡林道夫对纤维进行均匀混合并制成很薄的棉网，最后经喇叭口集合和大压辊压缩成可供并条机使用的棉条（生条）。

（3）精梳。精梳的目的是分梳纤维，改善纤维的伸直平行程度，同时排除纤维中的细小杂质和短纤维，提高纤维的整齐度，为后道工序提供纱疵少、条干均匀的精梳棉条（化纤或普梳品种无须此道工序）。

（4）并条。将梳棉机或精梳机纺出的生条，经多道并合、牵伸，使纤维充分混合，改进棉条结构，提高纤维的伸直与平行，从而保证纺出均匀合格的熟条，供粗纱使用。

（5）粗纱。把并条机纺成的熟条牵伸、加捻，使其具有一定的强力，然后将加捻后的纱条卷绕成符合标准的优质粗纱，以便储存、搬运，提供给细纱机使用。

（6）细纱。根据生产加工部门的需要和质量标准规定，将粗纱通过细纱机的牵伸机构抽长拉细，达到所要求的线密度，然后给予要求的回捻，使其具有一定的强力，并卷绕成符合要求的管纱，供络筒工序进一步加工。

（7）络筒。清除管纱上的有害疵点、杂质等，将管纱逐个连接起来，卷绕成合乎质量标准的筒子纱。

（二）线

由两根或两根以上的单纱并合加捻制成的材料称为线（thread）。用来形成股线的单纱，可以是短纤纱，也可以是长丝纱，可以是同一种纤维原料，也可以是不同纤维原料。

（三）丝

连续长丝纱简称长丝或丝（filament），有化学纤维长丝和天然纤维长丝两种。

化学纤维长丝是纤维成型时集束成纱。成纤高聚物通过喷丝板即形成连续丝条，丝条中含有的纤维根数取决于喷丝板上喷丝孔的数目。用多孔喷丝头制成的长丝，称为复丝长丝；将复丝长丝加捻后形成的为有捻长丝；将几根有捻长丝再并合加捻，形成的就是复捻丝线。

天然纤维长丝主要以天然蚕丝为主，是蚕体内分泌的绢腺物质经过固化之后形成，经过缫丝工艺将多根茧丝复合集束而成长丝。天然长丝含有丝胶，俗称生丝、厂丝。天然蚕丝可以分家蚕丝和柞蚕丝两大类。

二、纱线的分类

（一）按组成纱线的纤维成分分类

（1）纯纺纱线。纯纺纱线是由同一种纤维原料构成的纱线。如纯天然纤维纱线和纯化学纤维纱线，如纯毛、纯棉、纯麻、纯丝以及纯黏胶纤维、纯涤纶、纯锦纶等。

（2）混纺纱线。即由两种或两种以上短纤维或长丝混合纺成的纱线的统称。如涤/棉纱、毛/涤纱、毛/腈、黏纱、棉/真丝纱、涤/真丝纱等。

（二）按组成纱线的纤维长短分类

（1）短纤维纱线。短纤维纱线是以短纤维为原料经过纺纱工艺制成的纱线。先将短纤维经过成纱系统纺制成单纱（指只有一股纤维束捻合而成的）使用，也可以将两根或两根以上的单纱并合加捻制成股线，还可以将几根股线进行加捻并合成为复捻股线，以供不同织物需要。花式捻线是由芯线、饰线和包线捻合而成。花式线主要有膨体纱和包芯纱。毛线、棉纱、麻纱等都属于短纤维纱线。

（2）长丝纱线。有化学纤维长丝纱和天然纤维长丝纱两种。

三、纺织纤维和纱线的细度及换算

纺织纤维和纱线的直径或截面宽度可表示其细度，单位是μm、mm。在实际生产中，一般使用纺织纤维和纱线粗细程度的间接表示方法。

（一）定长制

（1）线密度（Tt）。即1000m长的纱线在公定回潮率时的质量克数，单位为特［克斯］（tex）或分特［克斯］（dtex），其换算关系为1tex=10dtex。该单位为法定计量单位。

$$Tt=（G/L）\times 1000$$

式中：G 为纱线的重量（g），L 为纱的长度（m）。

（2）旦尼尔（N_D）。即9000m长的丝在公定回潮率时的质量克数，单位为旦。

$$N_D=（G/L）\times 9000$$

式中：G 为丝的重量（g），L 为丝的长度（m）。

（二）定重制

（1）公制支数（N_m）。即1g纱线（丝）所具有的长度米数，单位为公支。

$$N_m = L/G$$

式中：L为纱线（丝）的长度（m），G为纱线（丝）的重量（g）。

（2）英制支数（N_e）。即在公定回潮率下，1磅纱线所具有的840码长度的倍数，单位为英支（S）。

$$N_e = L/(840 \times G)$$

式中：L为纱线（丝）的长度（码），1码=0.9144m；G为纱线（丝）的重量（磅），1磅= 453.6g。

（三）单位换算

（1）线密度（Tt）与英制支数（N_e）。

$$N_e = C/Tt$$

式中：C为常数，化纤为590.5，棉纤为583.1，如果为混纺纱，可根据混纺比进行计算。如 T/C（65/35）45英支纱线，C=590.5×65%+583×35%=588，然后按公式计算便可。

（2）英制支数（N_e）与公制支数（N_m）。

对于纯化纤纱线：

$$N_e = 0.5905 N_m$$

对于纯棉纱线：

$$N_e = 0.5831 N_m$$

对于混纺纱线，如T/C（65/35）45英支纱线：

$$N_e = (0.5905 \times 65\% + 0.583 \times 35\%) N_m$$

（3）线密度Tt与公制支数（N_m）。

$$Tt \times N_m = 1000$$

（4）线密度（Tt）与旦尼尔（N_D）。

$$N_D = 9 \times Tt$$

四、纱线的常见代号及表示方法

（一）单纱表示方法

例如，C32S表示32英支纯棉纱，JC32S表示32英支精梳纯棉纱；T/C32S表示32 英支涤棉混纺纱；JT/C32S表示32英支精梳涤棉混纺纱；T100D表示100旦纯涤纶纱； T/C80/20×32S表示32英支涤/棉比例为80/20的混纺纱，T/R30S表示30英支涤黏混纺纱； R30S表示30英支黏胶纤维纱；R/C30S表示30英支棉黏混纺纱。

常见的涤纶长丝，例如，150D×36F表示由36根单丝组成的150旦长丝纱，300D×96F 表示由96根单丝组成的300旦长丝纱。

（二）股线的常见代号

T/C40S/2表示涤/棉40英支双股线（英制）；JT/C14.6tex×2表示精梳涤/棉14.6tex双股线（特数制）。

五、纱线的捻向和加捻

加捻就是用机械方法使纤维须条的不同截面发生相对回转，即产生捻回。通过加捻提高纱中纤维之间的摩擦力与抱合力，提高纱线的强度、弹性、手感与光泽，同时使织物取得良好的服用性能。

（一）捻向

加捻的方向决定了纱线内纤维的倾斜方向。通常分为Z捻（反手捻）和S捻（正手捻）两个方向，如图1-1-2所示。加捻后纤维自左上方向右下方倾斜的，称为S捻；自右上方向左下方倾斜的，称为Z捻。

（二）加捻

（1）短纤纱。在纤维首尾搭接的基础上，将它们固结起来，使之成为连续不断的纱线，赋予纱线一定的强力（图1-1-3）。

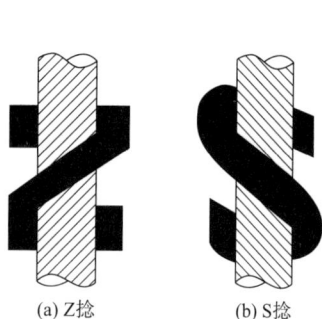

(a) Z捻　　(b) S捻

图1-1-2　纱线的捻向

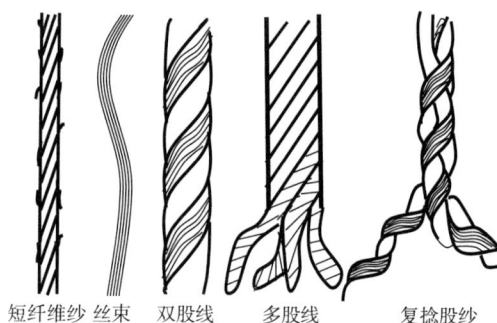

短纤维纱　丝束　双股线　多股线　复捻股纱

图1-1-3　短纤纱加捻

（2）长丝。形成不易横向破坏的紧密结构，改善加工性，提高抗起毛起球、抗勾丝性，强捻使织物风格独特。

（3）单纱捻合成股线。使纱线的结构均匀，强度增加，强度不匀率降低，光泽、手感、弹性、延伸性等物理性能得到改善。股线捻向的表示方法是，第一个字母表示单纱捻向，第二个字母表示股线捻向。如单纱捻向为Z捻、第二次并捻为S捻，则并捻之后股线的捻向以"ZS"表示（图1-1-4）。

（4）包芯纱。包芯纱一般以强力和弹力都较好的合成纤维长丝为芯丝，外包覆棉、毛、黏胶纤维等短纤维加捻而纺制成的纱（图1-1-5）。包芯纱兼有长丝芯纱和外包短纤维的优良性能。比较常见的包芯纱有涤棉包芯纱，它以涤纶长丝为芯纱，外包棉纤维。弹性织物可由氨纶包芯纱制成，芯纱为氨纶长丝，包覆纱由天然纤维纱制成。由这种包芯纱制成的针织物或牛仔裤料，穿着时伸缩自如，舒适合体。

图1-1-4　单纱捻合成股线　　　　　图1-1-5　包芯纱

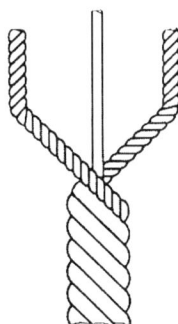

第三节　织物

一、织物的分类

根据纤维原料、加工方式、结构、成型方法以及染整加工的不同，各种织物（textile）可以形成多种不同的分类体系。

（一）按织物的纤维构成分类

（1）纯纺织物。纯纺织物的经纱和纬纱必须是同一种纤维纯纺的纱线，如纯棉、全毛织物等。

（2）混纺织物。混纺织物的经纱或纬纱应为混纺纱线，由于混纺纱线中必须有两种或两种以上的纤维原料，故混纺织物能体现各组分纤维的优良特性，弥补各自的不足，提高面料（fabric）的服用性能，并能扩大织物的适用范围，如涤/棉、毛/涤、丝/毛/黏等。

（3）交织织物。交织织物的经纱和纬纱应分别为不同纤维原料组成的纱线，或是由两种不同类型的纱交织而成的。交织织物的性能与经纱和纬纱的性能有着密切的关系。如真丝纱与黏胶纤维纱交织、绢丝纱与毛纱交织等。

（二）按织物的加工方式分类

（1）机织物。机织物（woven）或梭织物是由相互垂直排列的经纱和纬纱在织机上按一定的交织规律织造成的织物。该类织物的主要特点是坚牢耐用、结构稳定、布面平整、外观挺括。

（2）针织物。针织物（knitted fabric）是指用一根或一组纱线为原料，在纬编机或经编机上用织针将纱线弯成线圈，把线圈相互串联而织成的织物。针织物生产效率高、透气、松软，有良好的抗皱性、延伸性和弹性，但容易钩丝、起毛起球。

（3）非织造布。非织造织布（nonwoven）是一种在织物成形原理上完全不同于传统成形方法的网状或扁平状纤维集合体，俗称"无纺布"。该类产品结构松散、生产效率高、使用范围广，通常用于农业基布、大棚布、包装材料、服装用的衬料和垫料、医用口罩和防护服等。

二、机织物

（一）机织物的织造生产流程

（1）络筒。将捻线机上下来的管纱重新卷绕成一定形状、容量大的筒子，同时消除纱线上的杂质和疵点，从而提高后道工序的生产率。

（2）整经。把一定根数的经纱，按规定的长度、幅宽，在一定张力的作用下平行卷绕在整经轴上，为形成织轴做好初步准备。

（3）浆纱。将几个经轴上的经纱并成一片，使其通过浆液，然后经过浸轧、烘干、卷绕成织轴。由于浆液使纱表面的纤维毛羽黏附在纱的条干上，提高了纱的光滑度，浆液烘干后在经纱上形成一层浆膜，增大了经纱的抗摩擦能力，同时浆液渗透到经纱内部把部分纤维互相黏着起来，当纱线受到拉伸时，可以阻碍纤维在纱线内的相互移动，从而提高了经纱的强力。

（4）穿经。根据织物的要求将织轴上的每一根经纱按一定的规律穿过停经片、综丝和筘，以便织造时形成梭口，引入纬纱织成所需的织物，这样在经纱断头时能及时停车不致造成织疵。

（5）织造。将经轴在梭织机上通过梭子导纬纱，按工艺设计交织成坯布，并卷绕成布卷。

（二）机织物的基本结构特征

（1）织物的量度。织物的长度以米为单位，工厂和贸易部门或以匹长来表示。织物的宽度称为幅宽，一般以米或厘米表示，一些外贸产品以英尺为单位。织物的厚度以毫米为单位，直接度量织物厚度不方便时，可用织物的重量间接表征。一般以每米克重（g/m）或每平方米克重（g/m²）为单位进行度量。

（2）织物的密度。织物单位长度中排列的纱线数为织物的密度，密度有经、纬之分。密度表示织物中纱线排列的疏密程度，密度越大表示织物中纱线排列得越紧密。

（三）机织物组织

机织物组织是指机织物中经纱和纬纱的交织规律。织物组织对织物的外观（如表面织纹、光泽等）、手感和内在品质都具有极其重要的影响，是织物设计的一项重要内容。

经、纬纱线交织，一般由开口、引纬、打纬、送经、卷取等五个运动完成。织机必须使经纱保持张力，将经纱分开使纬纱穿过梭口，并将纬纱压向织口，完成与经纱的交织（图1-1-6）。

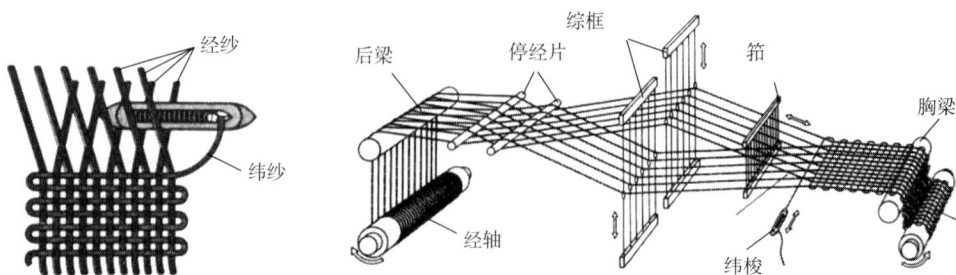

图1-1-6 机织物织造原理

经纱是织物内与布边平行，纵向排列的纱线；纬纱是织物内与布边垂直，横向排列的纱线。

织物组织分为原组织、联合组织、复杂组织和提花组织。原组织是最基本的织物组织，也是应用最为广泛的组织，有平纹组织、斜纹组织和缎纹组织三大类。机织物中经纱和纬纱相互沉浮的交叉处称为组织点，其中经纱浮于纬纱之上的交叉处称为经组织点，纬纱浮于经纱之上的交叉处称为纬组织点。织物中一根纱线上相邻两个组织点之间的纱线长度称为浮长，以一根经（纬）纱跨越的纬（经）纱根数表示。当织物组织达到循环时为一个完全组织。在一个完全组织内相邻两根经（纬）纱上，相应组织点间隔的纬（经）纱根数称为飞数。

（1）平纹组织。平纹组织是最简单的织物组织，是由两根经纱和两根纬纱构成一个组织循环，如图1-1-7所示。平纹组织一般具有织物结构坚牢、透气性好、耐磨性强、手感硬、弹性较差、布面平整的特点。该组织的应用范围极为广泛，典型品种有平布、府绸、细布、泡泡纱、乔其、双绉等。

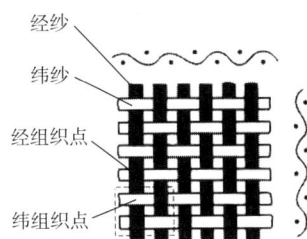

图1-1-7 平纹组织

（2）斜纹组织。斜纹组织比平纹组织要复杂一些，构成一个组织循环最少需要3根纱线数，相邻两根经纱或纬纱的经（纬）组织点必须排列成斜线，引伸下去就会形成织物的斜向纹路（图1-1-8）。同平纹组织比，斜纹组织具有比较长的浮长，在线密度和经纬密度等同的条件下，斜纹织物的身骨比平纹织物差。斜纹组织的应用也很广泛，如毛织物中的华达呢、哔叽，棉织物中的卡其、斜纹布，丝织物中的斜纹绸等。

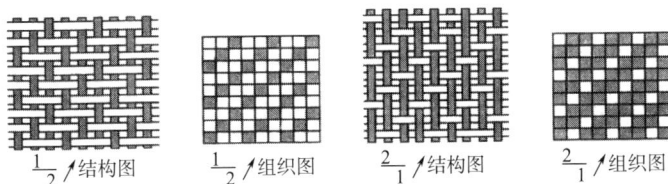

图1-1-8 斜纹组织

（3）缎纹组织。缎纹组织是原组织中比较复杂的一种，其经纱或纬纱在织物中形成一些单独的、互不相连的经组织点或纬组织点。单独组织点分布均匀。构成一个完全组织的纱线数至少5根，浮长大。在其他条件不变的情况下，缎纹组织循环越大，浮线越长。织物表面平滑均匀，质地柔软，富有光泽，悬垂性好，但牢度比较差，不耐磨（图1-1-9）。

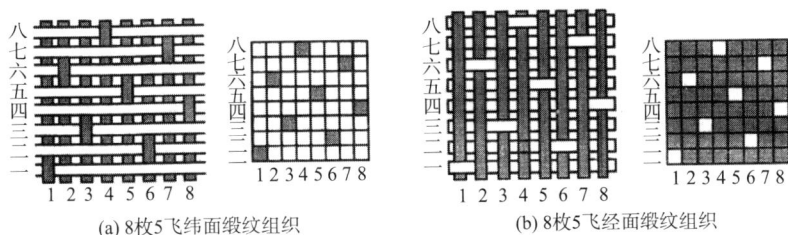

(a) 8枚5飞纬面缎纹组织　　　　(b) 8枚5飞经面缎纹组织

图1-1-9 8枚5飞缎纹组织

三、针织物

针织物的优点是延伸性、柔软性、透气性、抗皱性、成形性都比较好，缺点是纬编面料易脱散、尺寸稳定性差、易卷边、易勾丝和起毛起球。针织服装主要用途如图1-1-10所示。

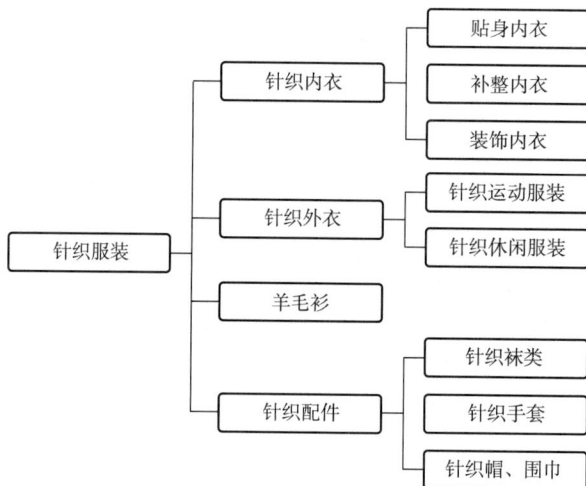

图1-1-10 针织服装的主要用途

（一）针织物的基本结构特征

1. 针织物的量度

（1）长度。针织物的匹长由工厂的具体条件而定，主要考虑原料、品种和染整等要素。一种是用定长表示，另有用定重表示的。

（2）宽度。经编针织物的成品幅宽随产品品种和组织结构而定，一般为80~150cm；纬编针织物的成品幅宽主要与加工用的针织机的规格、纱线和组织结构等因素有关，一般为40~50cm。

（3）厚度。当原料种类和纱线细度一定时，用单位面积重量可间接反映针织物的厚度和蓬松度。考核针织物质量的重要指标之一，是用每平方米织物的干燥重量表示（g/m²）。在每平方米干燥重量一定时，厚度越大织物的蓬松性越好，手感和保暖性也好。棉织物的平方米干燥重量在70~250g/m²，精梳毛织物在130~350g/m²，粗梳毛织物在300~600g/m²。

2. 线圈与线圈长度

线圈是组成针织物的基本单元。线圈的结构和组合方式不同，就构成了各种不同的组织。无论是经编针织物还是纬编针织物，线圈都是按一定规律排列的，纵向串套的线圈称为纵行，横向连接的线圈称为横列。线圈长度与针织物的密度有关，对织物的脱散性、延伸性、弹性、耐磨性、强度、抗起毛起球性和钩丝等都有很大的影响。线圈长度是针织物的一项重要物理指标。

针织物的线圈长度越长，单位面积针织物内的线圈越少，纱线间接触点越少，纱线之间的摩擦力越小，织物容易变形，尺寸的稳定性和弹性都比较差，耐磨性、抗起毛起球性、保暖性等也很差，但透气性好。如图1-1-11所示，图中，2-3-4为针编弧；5-6-7为沉降弧，1–2和4–5为圈柱。

（二）针织物的组织结构

1. 纬编针织物组织

纬编针织物组织分为原组织、变化组织和花色组织三大类。原组织是所有针织物组织的基础，如单面纬平针组织、双面罗纹组织和双反面组织。变化组织是由两个或两个以上的原组织复合而成的新组织，以改变原组织的结构和性能。

编织机构成圈过程可按顺序分解成下列几个阶段（图1–1–12）：

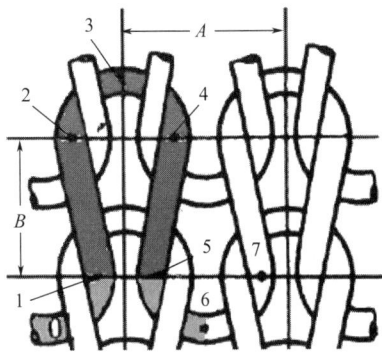

图1–1–11 针织物线圈与线圈长度

退圈：把刚形成的线圈（称旧线圈）从针钩移至针杆；

垫纱：把纱线喂到织针上；

弯纱：把纱线弯曲成线圈的形状；

带纱：把新垫上的纱线或刚弯成的线圈移至针钩内；

闭口：封闭织针针口；

套圈：把旧线圈套到针口闭合的针钩上；

连圈：新纱线或新线圈与旧线圈在针钩内外相遇；

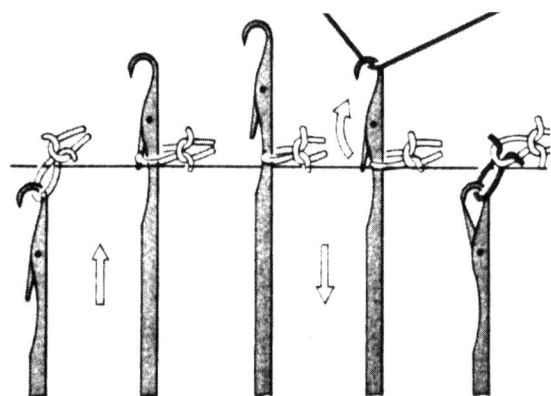

图1–1–12 针织物编织过程

脱圈：旧线圈从针钩上脱下套在新线圈上；

成圈：使纱线形成一个封闭的和规定大小的新线圈；

牵拉：把新线圈拉离成圈区域。

（1）纬平针组织。该组织是由连续的单元线圈相互串套而成的，正反面具有不同的外观，结构如图1–1–13所示。

采用纬平针组织的针织物会产生很大的变形，当在织物的纵向和横向受到外力作用时能表现出很高的延伸性，织物的正面平整、光洁，但具有明显的脱散性、卷边性。卷边性表现为纵向向工艺反面卷，横向向工艺正面卷。脱散性表现为顺编织和逆编织方向均可脱散。织物用途主要有内衣、袜品、毛衫等。

（2）罗纹组织。该组织是由正面线圈的纵行和反面线圈的纵行以一定形式组合配置而成的。采用该组织的纬编针织物，在横向受到外力作用时有比较大的延伸性，但当外力去除以后，变形的回复能力很强，具有良好的弹

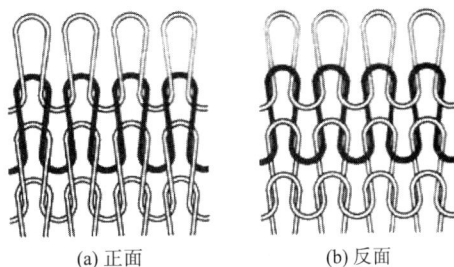

(a) 正面　　　　　(b) 反面

图1–1–13 纬平针组织

性，但罗纹组织也会产生脱散、卷边现象。织物用途主要有领口、袖口、裤口、下摆、袜口、贴身或紧身的弹力衫裤等。

（3）双罗纹组织。该组织是纬编变化组织的一种，在一个罗纹组织的线圈纵行之间配置着另一个罗纹组织的线圈纵行，如图1-1-14所示。

采用双罗纹组织的纬编针织物具有结构稳定、厚实、柔软、保暖性好，无卷边性、有弹性和稳重性等特点。延伸性与弹性都较罗纹组织小，尺寸比较稳定；只可逆编织方向脱散。织物用途主要有棉毛衫裤、休闲服、运动装和外套等。

图1-1-14　双罗纹组织

2. 经编针织物组织

经编针织物是由一组或几组平行排列的纱线由经向同时喂入平行排列的工作织针，并同时进行成圈的工艺过程。经编织物性能介于纬编针织物与机织物之间，经编织物防脱散性好，可以生产成型产品，适宜编织网孔结构和毛绒织物，生产效率高，对原料、生产机件及生产环境要求高。经编机结构如图1-1-15所示。

（1）编链组织。该组织的特点是每一个线圈纵行由同一根经纱形成，编织时每根经纱始终在同一根针上垫纱，根据垫纱方式不同，可分为闭口编链和开口编链两种形式。该组织线圈纵行之间无任何联系，织物横向不会发生卷边现象，织物纵向延伸性比较小，主要取决于纱线的拉伸性能。

（2）经平组织。经平组织是经编针织物的基本组织

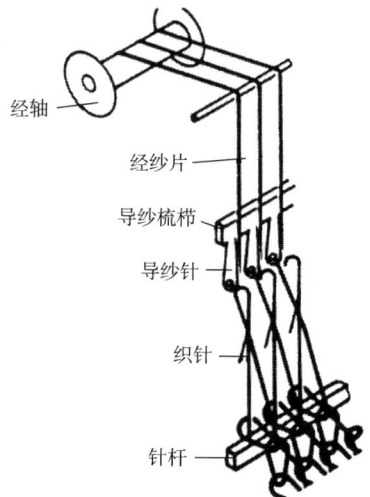

图1-1-15　经编机结构示意图

之一，利用每根经纱在相邻两根织针上依次交替垫纱编织而成，两个横列完成一个完全组织。

采用经平组织的针织物，正反面外观很相似。由于线圈呈倾斜状，所以纵向和横向均有一定的延伸性。卷边性不显著，当织物上一个线圈断裂并受到横向外力作用时，线圈会从断裂处开始沿纵行逆编织方向逐一脱散，使织物分成两片。

（3）经缎组织。经缎组织是利用每根经纱顺序地在3根或3根以上织针上垫纱成圈，然后在顺序地返回原位过程中逐针垫纱成圈而成的组织。

经缎组织线圈形态接近于纬平针组织，织物的卷边性和其他的物理性能与纬平针织物相似，由于不同方向倾斜的线圈横列对光线的反射不同，因而在织物表面形成横向条纹。经缎组织与其他组织复合，可得到一定的花纹效果。

3. 典型针织物品种及其性能

针织物是织物中的一大品种，根据成纱方式不同分为纬编织物和经编织物两大

类。该类织物具有很大的伸缩性、柔软性、透气性，穿着舒适性，但纬编织物有脱散、卷边、尺寸不稳定以及勾丝等问题，在设计时应予以考虑。下面简单介绍几种典型针织物。

（1）汗布。汗布是最简单的纬平针织物，用细特或中特纯棉或混纺纱线，采用纬编平针组织编织而成。汗布吸湿性强，具有良好的贴身性，通透性好，织物柔软而富有弹性，穿着柔软舒适。但容易产生线圈歪斜和脱散、卷边的问题。适宜制作衬衫、背心等。如制作内衣的纬平针织物，平方米干重一般为80～120g/m²，布面光洁、纹路清晰、质地细密、手感滑爽，纵、横向具有较好的延伸性，且横向比纵向延伸性大。

（2）丝盖棉。织物的正面是化学纤维，如涤纶长丝纱等，反面是天然纤维，如棉纱或蚕丝等。由两种原料制作成的针织品在穿用时，与皮肤接触的是棉或真丝等天然纤维，而正面是坚牢、耐磨、弹性好的合成纤维。

（3）棉毛布。棉毛布具有厚实、柔软、保暖性好、无卷边和有弹性等特点。组织通常是双罗纹，也有变化组织的。广泛用来制作棉毛衫裤、春秋冬季的内衣和运动服等。原料可用棉、毛纱或化学纤维等。

（4）经编毛圈织物。经编毛圈织物是以合成纤维作地纱，棉纱或棉与合纤混纺纱作衬纬纱，以天然纤维、再生纤维、合成纤维作毛圈纱，采用毛圈组织织制的单面或双面毛圈织物。这种织物的手感丰满厚实，布身坚牢厚实，弹性、吸湿性、保暖性良好，毛圈结构稳定，具有良好的服用性能。主要用于制作运动服、翻领T恤、睡衣裤、童装等。

（5）经编丝绒织物。采用拉舍尔经编织成由底布与毛绒纱构成的双层织物，以再生纤维、合成纤维或天然纤维作底布用纱，以腈纶等作毛绒纱，经割绒机割绒后，成为两片单层丝绒。按绒面状况可分为平绒、条绒、色织绒等。各种绒面可同时在织物上交叉布局，形成多种花色。这种织物的表面绒毛浓密耸立，手感厚实丰满、柔软，富有弹性，保暖性好。主要用于制作冬令服装、童装等。

四、非织造布

（一）非织造布的成型

非织造布是由定向或随机排列的纤维通过摩擦、抱合或者这些方法的组合而相互结合制成的片状物、纤网或絮垫（不包括纸、机织物、簇绒织物，带有缝编纱线的缝编织物以及湿法缩绒的毡制品）。

1. 成型过程

非织造布在成型原理上完全不同于传统织物。其成型过程一般有纤维制备、成网、黏合、烘燥、后整理5个主要程序。

（1）纤维制备。原料的选用是由最终用途决定的，用于制作非织造布的纤维类型与传统织物的原料是一样的。非织造布生产用纤维主要是聚丙烯（丙纶，polypropylene，PP）、聚乙烯（polyethylene，PE）、涤纶（polyethylene terephthalate，PET）、锦纶（polyamide，PA）、黏胶纤维（viscose）、腈纶（polyacrylonitrile，PVN）、氯纶（polyvinyl chloride，PVC）等。

（2）成网。纤维成网是将分散的纤维制成网状纤维集合体的工艺过程，纤维在纤维网中的排列方向有平行、交错、随机三种。

（3）黏合。黏合是在纤维网中的纤维间进行黏合的工艺过程，方法很多。主要有机械加固、化学黏合、热熔黏合三种。

（4）烘燥。烘燥主要是减少织物内的水分，使纤维的黏结牢度增强的工艺过程。

（5）后整理。后整理是利用化学、物理或机械作用，使最终产品的外观和品质满足预期的设计要求的工艺过程。可以采用轧光、起绒等机械处理，使产品的外观和手感发生明显变化。经过染色、印花、阻燃、防静电等处理，可以使织物获得一定的色彩和功能效果。

2. 成型方法

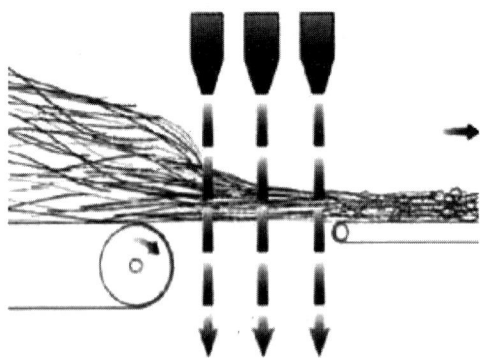

图1-1-16　水刺法加工示意图

非织造布的常用成型方法有机械加固法、化学黏合法和热黏合法，其中机械加固法包括针刺法、缝编法、水刺法，化学黏合法包括浸渍法、喷洒法、泡沫法、印花法、溶剂黏合法，热黏合法包括热熔法和热轧法等。

下面介绍几种常用方法生产的非织造布品种。

（1）水刺非织造布。将高压微细水流喷射到一层或多层纤维网上，使纤维相互缠结在一起，从而使纤网得以加固而具备一定强力（图1-1-16）。

（2）针刺非织造布。针刺非织造布是干法非织造布的一种，针刺非织造布是利用刺针的穿刺作用，将蓬松的纤网加固成布。针刺法加工原理如图1-1-17所示。

（3）纺粘非织造布。纺粘非织造布是在聚合物已被挤出、拉伸而形成连续长丝后，长丝铺设成网，纤网经过自身黏合、热黏合、化学黏合或机械加固方法，变成非织造布。由于纤网由连续长丝组成，因此此种非织造布具有优良的拉伸强力；而且可采用多种方法加固，长丝线密度变化范围宽。纺粘法加工原理如图1-1-18所示。

（4）熔喷非织造布。熔喷非织造布的工艺过程为聚合物喂入—熔融挤出—纤维形成—纤维冷却—成网—加固成布。由于纤网由极细的较短纤维组成，过滤性能和吸液性能良好。熔喷法加工原理如图1-1-19所示。

（二）非织造布的特点和应用

大多数非织造布是由纤维网和加固系统形成的。纤维网的构成主体是纤维（呈单纤维状态）。为达到结构稳定的目的，纤维网必须通过黏合剂的热黏合作用、纤维与纤维之间的缠结、外加纱线缠结等方式予以加固。非织造布可以被看成是由纤维和孔隙构成的集合体。

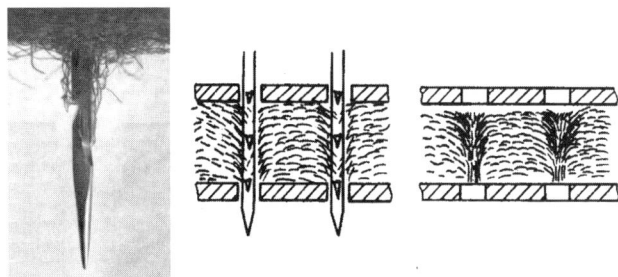

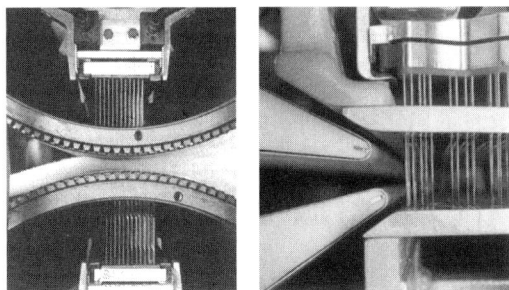

图1-1-17 针刺法加工原理

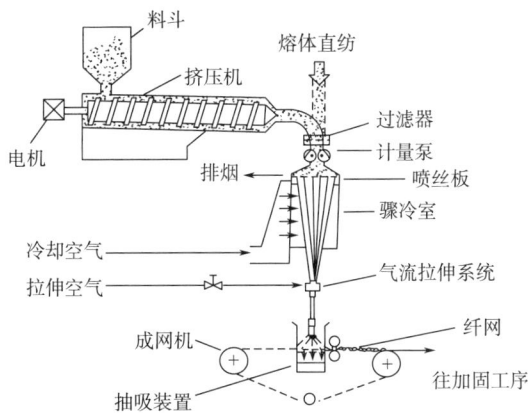

图1-1-18 纺粘法加工原理

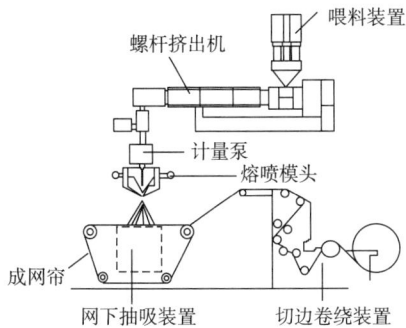

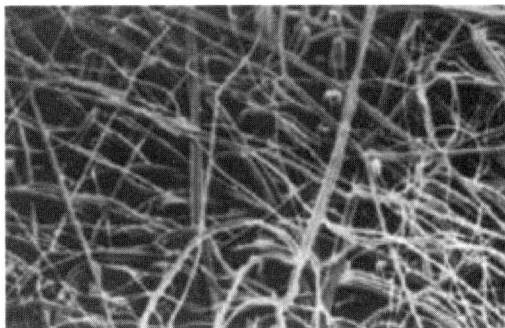

图1-1-19 熔喷法加工原理

1. 非织造布的特点

（1）质轻。以聚丙烯树脂为主要生产原料，比重仅0.9，只有棉花的3/5，具蓬松性，手感好。

（2）柔软。由细纤维组成（2-3D）轻点状热熔黏结成型。成品柔软度适中，具舒适感。

（3）拨水、透气。聚丙烯、聚乙烯等不吸水，含水率为0，成品拨水性好，由聚丙烯纤维组成的非织造布多孔，透气性佳，易保持布面干爽、易洗涤。

（4）无毒、无刺激性。产品采用符合食品和药品管理局（FDA）食品级原料生产，不含其他化学成分，性能稳定，无毒、无异味，不刺激皮肤。

（5）抗化学药剂。聚丙烯属化学钝性物质，耐碱腐蚀，成品不因侵蚀而影响强度。

（6）抗菌性。不发霉，并能隔离存在液体内的细菌及虫类的侵蚀。

（7）物性佳。由聚丙烯纺丝直接铺成网热黏结而成，制品强度较一般短纤产品为佳，强度无方向性，纵横向强度相近。

2. 非织造布的应用

非织造布的应用领域非常广泛，可用于服装与制鞋业、家用装饰材料、土木工程与建筑业、汽车工业、农业和园艺业、包装材料、医学卫生与保健用品、军事、航空等领域。按产品的重复使用次数和使用时间长短，分为即弃型与耐久型。

（1）医疗、卫生用非织造布。手术衣、隔离衣、医用包布、医用被服、口罩、防护服、尿片、卫生巾、卫生护垫、卫生内裤、一次性卫生用布、膏药布、创可贴布、美容用品（各种面膜、美容方巾、化妆棉等）、民用抹布、擦拭布、湿面巾、防尘罩等。

（2）工业用非织造布。在土木工程、建筑领域，用作土工布、过滤材料、屋面防水卷材和沥青瓦的基材、增强材料、排水板、道路隔音板等；在汽车工业领域用作非织造布隔热毡、防震毡、内顶篷、坐垫内衬、地毯、车门内衬，汽车过滤芯、成型坐垫等。

（3）农业用非织造布。作物保护布、育秧布、灌溉布、大棚布、保温幕帘等。

（4）家庭装饰用非织造布。贴墙布、台布、窗帘、床单、床罩、地毯、沙发内包布、擦镜布、茶叶袋、吸尘器滤袋、购物袋、软垫、睡袋、清洗擦布、百洁布等。

（5）服装、鞋帽用非织造布。服装衬里、黏合衬、絮片、定型棉、保暖材料、各种合成革底布、鞋头硬衬、鞋跟内衬、布鞋底衬等。

（6）包装用非织造布。复合水泥袋、箱包衬布、包装基衬、被絮、储放袋、提箱包布等。

（7）其他用途非织造布。耐高温烟尘过滤袋、耐高温航空材料、吸波材料、吸油毡、香烟过滤嘴、高级印钞纸、地图布、挂历布、油画布等。

五、服装生产工艺流程

（1）面料辅料进厂检验。检验面料（织物）是否有色差、纬斜、疵点等质量问题，以及纤维成分、色牢度、缩水率、平方米克重等质量指标。辅料检验包括松紧带缩水率、黏合衬黏合牢度、拉链顺滑程度等。

（2）技术准备。技术准备包括工艺单、样板的制订和样衣的制作。工艺单是服装加工中的指导性文件，对服装的规格、缝制、整烫、包装等都提出了详细的要求，以及服装辅料搭配、缝迹密度等细节问题，服装加工中的各道工序都应严格按照工艺单进行。样板制作要求尺寸准确，规格齐全，相关部位轮廓线准确吻合。样板上应标明服装款号、部位、规格及质量要求，并在相关拼接处加盖样板复合章。在完成工艺单和样板制作工作后，可进行小批量样衣的生产，针对客户和工艺的要求及时修正。样衣经过客户确认签字后成为重要的检验依据之一。

（3）裁剪。根据样板绘制出排料图，完整、合理、节约地排料，将面料、里料及其他材料剪切成衣片，并编号、捆扎。其中，对于不同批染色的面料要分批裁剪，防止同件服装上出现色差现象。对于一匹面料中存在色差的要进行色差、定位排料。

（4）缝制。选择缝迹、缝型、机器设备和工具等组织缝制，把各衣片组合成服装。

（5）锁眼钉扣。通常由机器加工而成，扣眼根据其形状分为平型和眼型两种，俗称为睡孔和鸽眼孔，睡孔多用于衬衣、裙子、裤等薄型衣料的产品上，鸽眼孔多用于上衣、西装等厚型面料的外衣上。

（6）整烫。"三分缝制七分整烫"，通过喷雾、熨烫去掉衣料皱痕，平服折缝。经过热定形处理使服装外形平整，褶裥、线条挺直。利用"归"与"拔"熨烫技巧适当改变纤维的张缩度与织物经纬组织的密度和方向，塑造服装的立体造型。严格执行"三无一杜绝"的规定，即无水花、无亮光、无麻印，杜绝烫糊。熨烫温度是影响熨烫效果的主要因素。

（7）成衣检验。外观检验内容有款式、尺寸规格是否符合工艺单和样衣的要求，缝制是否规整、平服，整烫是否良好，黏合衬是否牢固，线头是否已修净，服装辅件是否完整，服装上的尺寸唛、洗水唛、商标等与实际货物内容是否一致等。

练 习 题

一、单项选择题

1. 三原组织是指（ ）组织。

A．斜纹、缎纹及提花　　　B．平纹、斜纹和缎纹　　　C．平纹、斜纹和复杂

2. 由相互垂直排列的两个系统的纱线，在织机上按一定的浮沉规律交织而成的织物是（ ）。

A．针织物　　　B．机织物　　　C．复合材料

3. 经纬纱原料相同，均是由两种或两种以上的纤维混合纺制而成的纱线织成的织物是指（ ）。

A．交织物　　　B．纯纺织物　　　C．混纺织物

4. 织物的公制密度是指（ ）宽度内的经纱或纬纱根数。

A．2cm　　B．5cm　　C．10cm

5. 对于纯棉纱线，下列哪种纱最粗。（　　）

A．10tex　　　　　B．32公支　　　　　C．14.5tex　　　　　D．60公支

6. 下列哪一个不能作为纤维线密度的间接指标。（　　）

A．特克斯　　　　　B．旦尼尔　　　　C．英制支数　　　　D．直径

7. 利用织物密度分析镜测定织物的经纬密度时，要以两根纱线间隙的中央为起点，若不足0.5根时，则按（　　）根计。

A．0　　　　　　　B．0.25　　　　　C．0.5　　　　　D．1

8. 下列表示股线细度的方法中，哪一个是不正确的？（　　）

A．14tex×2　　　B．（16tex+18tex）　　　C．50/2公支　　　D．25S×2

9. 纱线线密度测试通常采用（　　）。

A．烘箱法　　　　B．称重法　　　　C．显微镜法　　　D．测长称重法

二、判断题（判断为正确打"√"，判断为错误打"×"）

1. 直径很细，而长度比直径大许多的细长物质称为纺织纤维。（　　）

2. 交织织物是指经纬纱相同，均是由两种或两种以上的纤维混合纺制而成的纱线经过织造加工而成的织物。（　　）

3. 混纺织物是指用两种及以上不同原料的纱线或长丝分别作经纬纱织成的织物。（　　）

4. 织物按照加工方法不同，大致可分为机织物、针织物和非织造织物三种。（　　）

三、计算题

将生丝摇成每周周长1.125m，共800圈的丝绞称重后求得丝绞总重量2.1g，求该批生丝的纤维细度（单位分别是公支、tex、旦）。

第二章　纺织纤维的大分子结构及力学性能

第一节　纤维素大分子和高分子物化合物

纺织纤维大分子按照来源可以分为天然大分子和人工合成大分子。生活中的蛋白质、糖类、脂肪、纤维素纤维等就属于天然大分子化合物，而近现代技术开发的新材料，如橡胶、塑料和合成纤维等都是由乙烯、苯等低分子有机物聚合而成的人工合成大分子化合物。

大分子化合物（macro-molecular compound）也称高分子化合物（high-molecular compound），简称大分子或高分子。

一、大分子（高分子）化合物的基本特点

1. 具有很高的相对分子质量

高分子化合物的相对分子质量一般在 $10^4 \sim 10^7$，而普通低分子化合物的相对分子质量只有几十或几百。表1-2-1是几种常见物质的相对分子质量比较。

表1-2-1　常见物质的相对分子质量比较

低分子化合物		高分子化合物	
物质	相对分子质量	物质	相对分子质量
水	18	淀粉	10000 ~ 80000
乙醇	46	天然纤维素	2000000
葡萄糖	198	涤纶	12000 ~ 20000
丙烯	42	锦纶	15000 ~ 23000
对苯二甲酸乙二醇酯	211	聚丙烯	6000 ~ 200000

2. 以共价键连接而成

高分子化合物的大分子是由许多相同或相似的结构单元通过共价键连接而成的，如聚乙烯可表示为 $\text{-}(CH_2CH_2)_n\text{-}$、聚丙烯为 $\text{-}(CH_2CH(CH_3))_n\text{-}$。$n$ 为组成大分子的基本单元（基本链节）的重复次数，称为聚合度，一般用 $\overline{DP}$ 表示。

高分子化合物的相对分子质量（M）是基本单元相对分子质量（M_A）的总和。即：

$$M = M_A \times \overline{DP}$$

一般情况下，常用聚合度来表示高分子化合物的相对分子质量大小。

3. 具有多分散性

合成反应过程中存在链引发、链增长、链终止等有多种可能性。合成高分子化合物

通常是由许多链节相同、聚合度不同的同系物大分子组成。高分子化合物的相对分子质量和分子结构可在一定范围内变化而又不影响其物理化学性质的特性，称为多分散性。

二、大分子的几何形态

大分子的几何形态包括线型、支链型和三维网状（体型）三种，如图1-2-1所示。

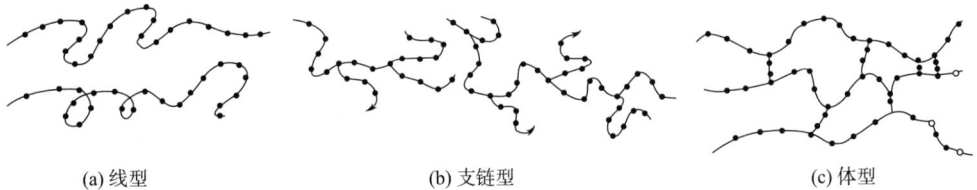

(a) 线型   (b) 支链型   (c) 体型

图1-2-1　大分子的几何形态示意图

1. 线型大分子

线型大分子一般是由双官能团的单体聚合形成。它像一条线型长链，呈卷曲状，少有支链。由线型大分子组成的高分子化合物称为线型高分子化合物。

2. 支链型大分子

支链型大分子主链上带有相当数量的支链，支链的长短、数量各不相同。由支链型大分子组成的高分子化合物称为支链型高分子化合物。

3. 三维网状（体型）大分子

三维网状（体型）大分子是由线型大分子或支链型大分子以共价键的形式连接而成的，具有空间网状结构。由体型大分子组成的高分子化合物称为体型高分子化合物。

三、大分子化合物的分子间作用力

分子间作用力又称为次价键力，它包括范德瓦耳斯力和氢键。范德瓦耳斯力是物质间普遍存在着的一种作用力，包括色散力、取向力和诱导力三种。只有当分子间距离在0.28～0.5nm时，范德瓦耳斯力才会产生，其作用力的大小与距离的6次方呈反比，其能量一般在0.8～12kJ/mol。

氢键是指氢原子与电负性较大而半径较小的原子（如F、O、N等）相结合形成的一种次价键。氢键键能一般在21～42kJ/mol。只有当分子间距离小于0.26nm时，氢键才能产生。高分子化合物大分子的分子间和分子内部均可形成氢键。

低分子化合物的分子间力远远低于主价键力。例如，水分子之间存在范德瓦耳斯力和氢键，当温度高于沸点时，液态变成气态。

高分子化合物具有很高的相对分子质量，分子链很长，有着很大的分子作用间力，单个大分子不可能挣脱分子间力的约束而离开高分子化合物，其分子间力的总和会远远大于分子链上每个单键的能量，使高分子化合物有液态和固态，没有气态。

第二节 高分子化合物的构型、构象和聚集态结构

高分子化合物有三个结构层次：分子链的化学结构，即大分子的化学组成和构型；分子链的构象，或称大分子的形态结构；大分子的聚集态结构。

一、大分子链的构型

构型（configuration）是指高分子化合物分子中的原子或基团在空间排列的方式。这种排列方式是由化学键固定的，因而非常稳定。

在有机化学中，当碳原子上所连的4个原子或基团不对称时，会形成立体异构。例如，含取代基的乙烯类高分子链，如果将其拉成平面锯齿形，取代基R分别位于碳原子分子链所形成平面的上、下两侧位置。从立体结构的规整性看，高分子化合物会出现3种立体异构示意图。图1-2-2所示为乙烯类高分子化合物的3种立体异构示意图。

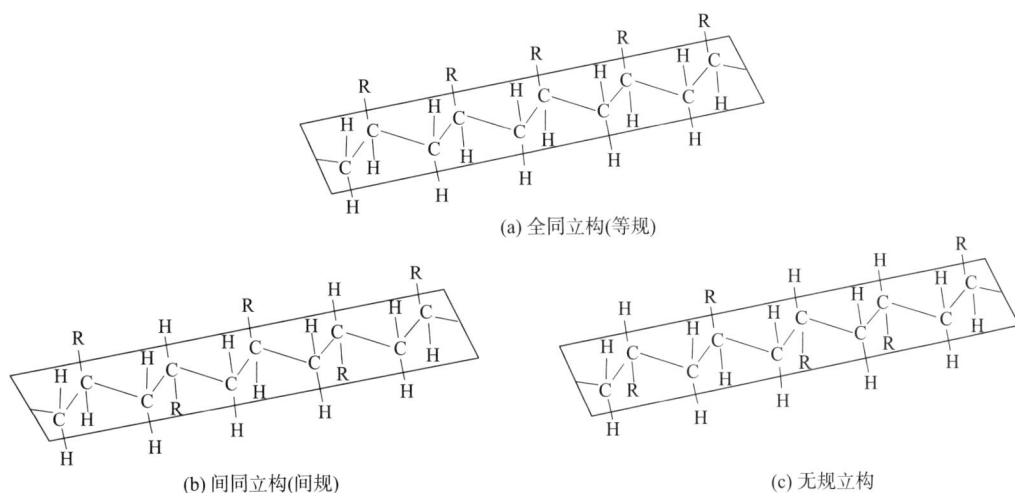

(a) 全同立构(等规)

(b) 间同立构(间规)

(c) 无规立构

图1-2-2 乙烯类高分子化合物会的3种立体异构示意图

图1-2-2中（a）表示取代基R排列在主链平面的同侧，称为全同（等规）立构；（b）表示取代基R交替出现在主链的两侧，称为间同（间规）立构；（c）表示取代基R无规则地排列在主链平面两侧，称为无规立构。

高分子化合物大分子链的构型对其性能有明显的影响。等规的高分子化合物，由于分子排列规整，容易形成晶体，高分子化合物密度大，熔点高，不易溶解。

例如，有规聚丙烯的熔点为165℃，密度为0.92g/cm³，经纺丝可制成丙纶；而无规聚丙烯的熔点为75℃，密度为0.75g/cm³，尚无使用价值。

二、大分子链的构象

一些高分子材料具有高弹性，例如橡胶，它受力时可伸长数倍，释放外力又可迅速

恢复原状。其原因主要是高分子化合物的长链结构和链上各键的自由旋转。

（一）单键的内旋转

高分子化合物大分子主链结构中存在着许多单键，这些单键是由σ电子组成的。两个由σ键连接的原子可以相对旋转而不影响其电子云分布。因此，单键可以绕轴旋转，称为内旋转。如果将以3个单键相连的4个C原子（C—C—C—C）放在坐标上，键角为$109°28'$。在保持键角不变的情况下，若σ_1键以自身为轴旋转，则σ_2键就会在与C_2相连的圆锥面上转动。这样由3个键组成的碳链就可以在空间产生许多形态。这种由于单键内旋转而产生的分子在空间的不同形态称为构象。图1-2-3为C—C单键内旋转示意图。

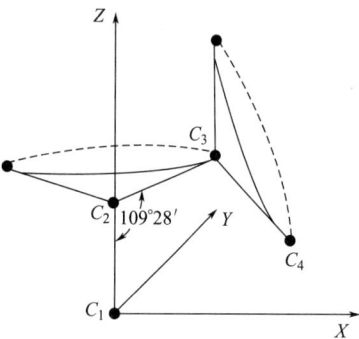

由于高分子化合物主链中所含的碳原子数很多，单键成千上万，若每个单键都能进行自由内旋转，大分子在空间就会蜷缩成无数形态，所以高分子化合物大分子链不会是僵硬的直线形，而是像一个杂乱的线团，称之为"无规线团"。

高分子化合物大分子链的构象在外力作用或随温度的升高会产生变化。事实上，完全自由的单键内旋转是不可能存在的，因为在碳原子上总会带有其他原子或基团。所以单键内旋转时，必须克服一定的阻力才能进行，这种内旋转称为受阻内旋转。受阻内旋转所受到的阻力称为位垒。由于位垒的存在，使高分子化合物的构象更加复杂。

图1-2-3　C—C单键内旋转示意图

（二）高分子链的柔顺性

链状大分子在分子内旋转的情况下可以卷曲收缩，或扩展伸长，从而改变其构象的性质，称为柔顺性。显然构象越多，分子链的卷曲倾向越大，分子链越柔顺。表示大分子柔顺性的方法有两种，一种是链段长度表示法，另一种是均方末端距表示法，其中常用的是链段长度法。

在大分子中，任何一个单键在进行内旋转时，必定会带动周围链节一起运动。但由于大分子链很长，不可能所有的链节都一起运动。受到带动而一起运动的若干链节称为链段，它被视为能够独立运动的最小单元。链段越短，大分子中能够运动的单元越多，构象越容易改变，大分子的柔顺性越好；反之，分子链柔顺性越差呈现一定的刚性。例如，锦纶66的链段长度为1.66nm，聚丙烯腈的链段长度为3.17nm，所以，锦纶66比聚丙烯腈柔顺得多。

高分子化合物分子链的柔顺性影响大分子的聚集状态，从而对高分子化合物的力学性能产生很大的影响。一般认为，影响大分子柔顺性的因素主要是主链因素、侧链因素和外界因素。

1. 主链因素

主链结构对大分子柔顺性的影响主要包括主链的组成及主链的长短两方面。

高分子化合物的大分子链并不都是由C—C链组成的，除C—C链外，还存在着Si—O、

C—O链等。主链所含的原子不同，形成的键长、键角不同，因此大分子内旋转所受到的阻力就不相同，导致大分子的柔顺性不同。通常，不同主链的大分子的柔顺性依次为：

$$Si—O > C—O > C—C$$

这是因为Si—O链的键长、键角大于C-O链的键长、键角，使得内旋转更容易，柔顺性更好；而C—O链的柔顺性好于C—C链，是因为C—O链上的非主链原子间的距离大于C—C链。

如果主链结构中含有芳环或杂环，由于芳环或杂环不易绕单键进行内旋转，所以大分子的柔顺性下降。

对含双键的主链，双键对主链柔顺性的影响有两种情况。含孤立双键的大分子虽然连接的原子不能内旋转，但可使与双键相邻的单键内旋转更自由，从而可增加柔顺性。而含共轭键的大分子，由于π键的覆盖，使其内旋转困难，导致柔顺性下降。实际上，含共轭键的大分子通常呈现刚性。

2. 侧链因素

侧链取代基的体积大小、极性强弱以及取代基的数量对高分子化合物大分子链的柔顺性有很大的影响。取代基体积大，内旋转所受阻力就大，分子链的柔性降低。取代基的数量越多，分子链的柔顺性越差。就取代基的极性而言，极性增强，会增加大分子的分子间力，甚至使其产生交联，由于交联点的单键无法内旋转，使其柔顺性下降。通常，交联越多，分子的柔顺性越差，刚性越强。

3. 外界因素

外界因素对大分子柔顺性的影响主要是温度。温度不同，大分子的运动状态不同。随温度的升高，提供给大分子内旋转所需克服阻力的能量越多，分子热运动加剧，使大分子中的原子、取代基、链段等越容易运动，大分子间的相互作用力也容易克服，从而使大分子的柔顺性提高。如果温度降低，分子热运动能力降低，导致内旋转困难，大分子链的柔性就会降低。当温度下降到一定程度时，链段会发生"冻结"，这时大分子链会呈现僵硬状态。利用温度可以改善大分子链的柔顺性这个特点，在高分子化合物的加工过程中，配合其他条件，可以改变高分子化合物的形态结构以及力学性质。

三、高分子化合物的聚集态结构

高分子化合物的聚集态结构（aggregation structure）是指许多单个大分子在高分子化合物内部的排列状况及相互联系，也称为超分子结构或微结构。

低分子固体物质有晶态和非晶态两种结构。若组成物质的分子、原子或离子在空间以几何方式有规则地排列，称为晶态；若无规则排列，则称为非晶态。

自从应用X射线研究高分子化合物聚集态结构后，发现许多高分子化合物不像低分子晶体那样有规则地排列，其内部有一定数量的微小晶区，晶区内部还有最小的单元晶胞。此外，由于合成条件和加工条件的不同，相同化学结构的高分子化合物会形成不同的晶体，从而导致高分子化合物性能的差异。例如，聚对苯二甲酸乙二醇酯可以加工成高强度低伸长率的纤维，也可以加工成低强度低伸长率的纤维。

一般认为固体高分子化合物有晶态、非晶态和取向态三种聚集形式，其理论与模型主要有以下几种：

（一）高分子化合物的晶态结构

高分子化合物的晶态结构有两种模型，即两相结构模型和折叠链模型。

1. 两相结构模型

两相结构模型也称缨状微胞模型，后又发展成缨状原纤结构模型，如图1-2-4所示。

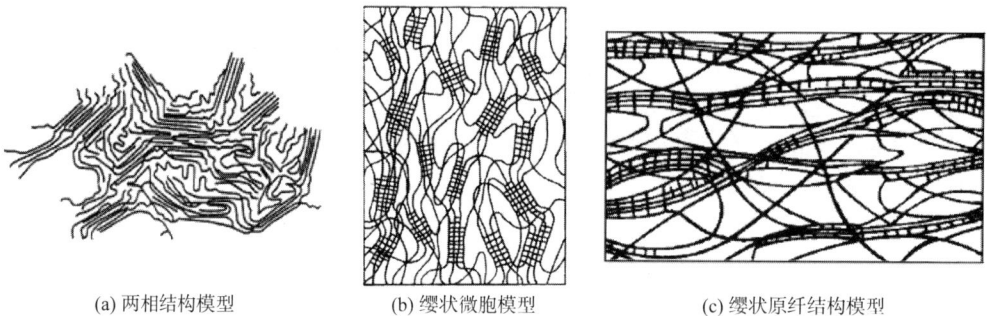

(a) 两相结构模型　　　(b) 缨状微胞模型　　　(c) 缨状原纤结构模型

图1-2-4　结晶高分子化合物两相结构模型

在用X射线对高分子化合物的聚集态结构进行大量研究的基础上，人们提出了结晶高分子化合物缨状微胞模型。在这一模型中，大分子规则排列的部分称为晶区，它是由若干个分子链段相互规整、紧密排列形成的。大分子链呈现无规则卷曲和相互缠结的部分称为非晶区。人们发现，很多高分子化合物中既含有结晶区也含有非晶区（无定形）部分，因此认为高分子化合物的晶态结构是晶区与非晶区同时存在、不可分割的两相结构。其中单个大分子链可以同时贯穿几个晶区与非晶区。

这个模型对解释高分子化合物化学反应的不匀性、纤维的力学性能、染色性等起到了很大的作用。但随着测试技术的发展，在观察纤维聚集态结构时，发现了比微晶体大得多的丝状组织，称为原纤结构，因而对两相结构模型进行了修正，提出了缨状原纤结构模型。这个模型认为原纤内部的分子排列是有序的、结晶的，但可能存在缺陷，而且原纤之间则属于非晶态。

2. 折叠链模型

这个模型是在应用电子显微镜下直接观察高分子化合物晶体结构的基础上产生的。它认为，伸展的分子链倾向于相互聚集在一起形成链束。链束细而长，由于表面能很大，不稳定，会自发折叠成具有较小表面的带状结构，带状结构再进一步堆砌成晶片，由晶片堆砌最终形成晶体，图1-2-5为折叠链晶片模型示意图。

在一般结晶高分子化合物中，折叠链与伸直链、结晶区与非结晶区往往是共存的，其比例视大分子的结构和结晶条件不同而不同。结晶部分占40%～90%。在综合了晶态高分子化合物结构中可能存在各种形态的推论后，人们提出了一种折中的结构模型。即半

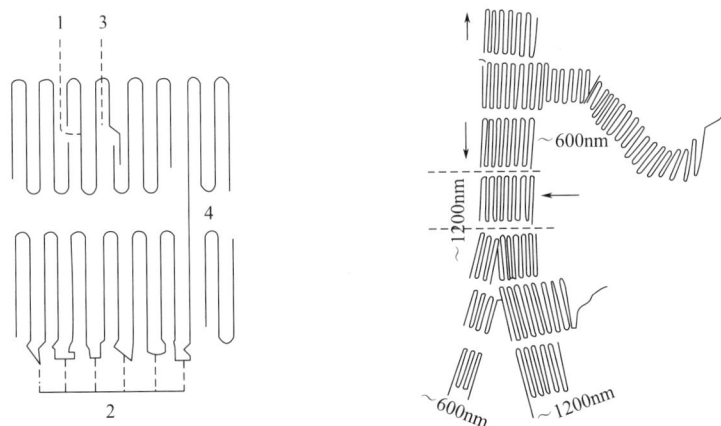

图1-2-5　折叠链晶片模型示意图

1—链末端　2—无序的表面层　3—缺陷　4—层间的连接链

晶高分子化合物折叠链模型，如图1-2-6所示。这个模型特别适合描述部分结晶高分子化合物的复杂结构形态。

一般用结晶度衡量结晶高分子化合物的结晶程度。其含义是结晶部分在整个聚集体中所占百分数。它有两种表示方法，一种是质量结晶度（f_w），另一种是体积结晶度（f_v）。

$$f_w = \frac{W_0}{W} \times 100\%$$

$$f_v = \frac{V_0}{V} \times 100\%$$

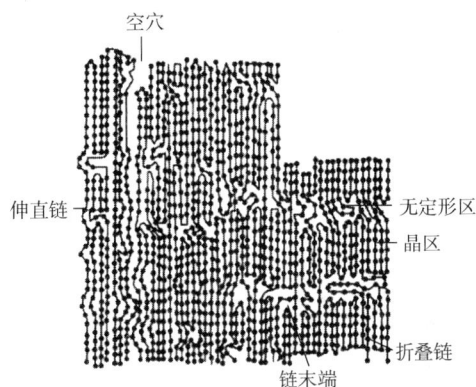

图1-2-6　半晶高分化合物折叠链模型

式中：W_0为结晶部分的质量（g），W为聚集体的质量（g），V_0为结晶部分的体积，V为聚集体的体积。

结晶度大小对高分子化合物的性能有很大影响。结晶度增加，高分子化合物的强度、硬度、尺寸稳定性等提高，而延伸度、吸湿性、染色性等下降。

（二）高分子化合物的非晶态结构

物体仅有固体外表，没有结晶的结构称为非晶态，又称无定形结构。

人们认为非晶态结构的高分子化合物中的分子链完全缠结在一起，像一块毛毡。它的分子间力较弱，易于卷曲，分子链随外力的施加而伸长，随外力的释放而回复。

在这一模型中，高分子化合物的晶区与非晶区不存在截然分开的物理界面，而是逐步过渡状态，可用侧序度的概念加以说明。所谓侧序度，是指单位体积内所含的分子间键能或氢键数。显然，侧序度不同，大分子排列的紧密程度不同。高分子化合物的侧序度分

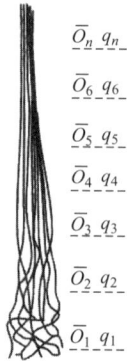

图1-2-7 高分子化合物的侧序度分布示意图

布如图1-2-7所示，图中最无序的非结晶区用侧序度$\overline{O}_n$表示。

通过模型可以看出，在全无定形区，分子链排列比较散乱，分子间堆砌比较松散，分子间力较小。由于分子间存在着许多孔隙和孔洞，所以密度较小。在这些区域内大分子链间既有结合点，也有缠结点。

（三）高分子化合物的取向态结构

高分子化合物中，大分子链段或晶体结构沿外力方向做有序排列，这一过程称为取向，其有序排列的程度称为取向度。取向度和结晶态虽然都是分子的有序排列，但其状态不同。取向态一般是一维或二维有序，结晶态则是三维有序。

取向包括大分子取向（图1-2-8）、链段取向和结晶区取向。一般情况下，非晶态高分子化合物只发生大分子取向和链段取向，而晶态高分子化合物的情况较为复杂，它还会发生结晶区取向，但无论哪一种取向，在外力作用下，首先发生的是链段取向，其次才是大分子取向。图1-2-9所示为晶态聚合物拉伸取向时结构变化示意图。

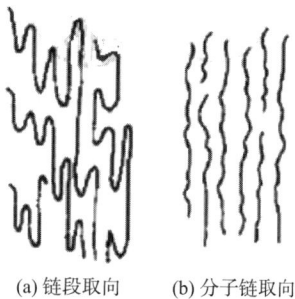

(a) 链段取向　(b) 分子链取向

图1-2-8 大分子取向示意图

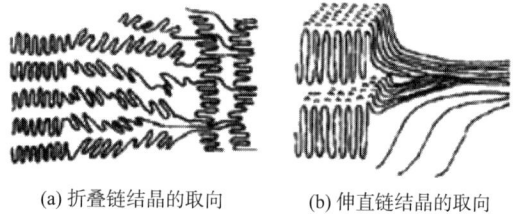

(a) 折叠链结晶的取向　(b) 伸直链结晶的取向

图1-2-9 晶态聚合物拉伸取向时结构变化示意图

高分子化合物取向时，外力和温度是不可少的条件。在外力作用时，由于内旋转位垒及分子间引力发生破坏，使大分子或其链段沿外力方向发生分子重排，达到取向目的。但是外力引发的取向并不是一个稳定的状态，一般情况下，取消外力会发生"解取向"。

要使取向达到相对稳定的状态，温度是相当重要的条件。因为温度是引起分子热运动的重要因素，提高温度可以使大分子的热运动加剧，有利于克服分子间的阻力。外力作用容易使大分子、链段等产生移动，从而完成取向。但由于分子热运动总是使分子趋于紊乱无序，即解取向过程，所以取向完成时，为了维持取向状态，在释放外力前，必须先降低温度，以便将大分子及链段的运动"冻结"。

取向和无取向的同一高分子化合物在性质上有很大的差异，其力学性能、光学性能及其他性能都会发生一定的变化。对纺织纤维，要使纤维既有较高的强度，又有一定的弹性，必须使大分子链取向而链段解取向。

第三节　高分子化合物的分子运动和力学性质

一、大分子运动的特点

物质的结构不同，其性质也不同。但物质结构并不是决定其性质的唯一因素，如果分子的运动方式不同，同一物质的力学性质也不同。

按分子运动状态不同，低分子化合物可分为气态、液态和固态三种。低分子化合物的分子运动有转动、振动和移动三种方式。当低分子化合价为气态和液态时，这三种运动方式同时存在；当低分子化合物为固态时，则分子只能转动和振动，不能自由移动。因此在宏观上，气体能被压缩，液体能够流动，而固体不易变形。高分子化合物不同于低分子化合物，其分子热运动有以下几个特点：

（1）运动单元的多重性。高分子化合物具有长链结构，分子链具有柔性，大分子中不仅链段、支链和取代基可以运动，整个大分子也可以运动。因此，高分子化合物的运动单元具有多重性。

（2）大分子热运动是一个松弛过程。大分子运动时，各运动单元之间有很大的阻力。在外力和温度的作用下，高分子化合物通过热运动从一种平衡状态过渡到另一平衡状态并不是瞬间完成的，而是需要一定松弛时间，松弛时间的长短反映了平衡状态转换的快慢。

（3）大分子热运动对温度的依赖性。温度对分子的热运动有两种作用：首先使运动单元活化；其次使分子体积膨胀。前者为运动单元提供运动所需能量，而后者为分子运动提供了自由体积。这两种作用都使运动单元自由迅速地运动，从而缩短了松弛时间。

二、非晶态高分子化合物的力学状态及转变

物质在外力作用下会表现出不同的力学性质，不同条件下其力学性质不同。高分子化合物的力学性质直接影响其使用价值，因此非常重要。

非晶态高分子化合物在所受外力作用不变的情况下，会随温度的变化呈现玻璃态、高弹态和黏流态三种不同的力学状态。图1-2-10是非晶态高分子化合物的温度—形变曲线。图中，T_g为玻璃化温度，指高分子化合物从玻璃态转变到高弹态的温度；T_f称为黏流温度，指高分子化合物从高弹态转变到黏流态的温度。

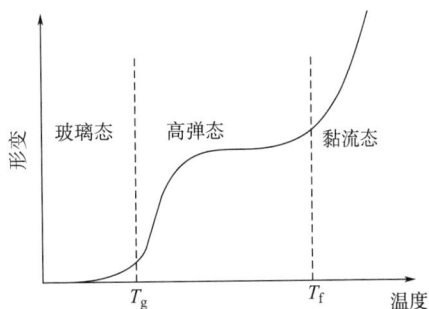

图1-2-10　非晶态高分子化合物的温度—
形变曲线图

（一）玻璃态

当温度较低时（低于T_g），大分子链段基本处于冻结状态，不能进行分子内旋转，只

能在本位上振动，此时高分子化合物所表现出的力学性质与玻璃相似。当受到外力作用时，只能引起键长、键角的变化，形变很小（0.01%～0.1%），且形变与所受外力大小呈正比。高分子化合物的这种状态称为玻璃态或普弹态，玻璃态时产生的形变称为普弹形变。

（二）高弹态

当温度高于某一定值（高于 T_g）时，分子的热运动能量不断增加，虽然整个大分子还不能移动，但分子热运动的能量足以克服内旋转阻力，链段不仅可以转动，还可以发生部分移动，大分子链间的相互作用力降低。在外力作用下容易沿受力方向从卷曲状态转变成伸直状态，发生很大的形变（100%～1000%）。外力释放后又可回复原态。这种受力后会产生很大形变，外力去除后又能回复原状的力学性质称为高弹态。高弹态时产生的形变称为高弹形变。这是高分子化合物特有的力学状态。

（三）黏流态

当温度继续升高（超过 T_f）时，分子的热运动能量超过了大分子链间的结合力，分子链间可以产生相对位移。当受外力作用时，高分子化合物会像液体一样发生黏性流动，产生很大的形变。外力释放后，形变也不能回复。此时非晶态高分子化合物所处的力学状态称为黏流态。黏流态产生的形变称为塑性形变。

高分子化合物的三种力学状态（玻璃态、高弹态、黏流态）和两个转变温度（T_g 和 T_f），对高分子材料的加工应用有很高的实用价值。通常纤维和塑料要求有一定的强度、硬度、耐热性、热稳定性等，这正是玻璃态高分子化合物所具有的性质。因此 T_g 是这类材料使用温度的上限，提高其 T_g 可以扩大使用范围，也就是提高材料的耐热性。橡胶的正常使用状态是高弹态，降低 T_g 可以提高橡胶的耐寒性。由此可以看出，T_g 是衡量高分子材料性能的重要指标。一般地，T_g 高于常温的高分子材料成为塑料或纤维；T_g 低于常温的高分子材料称为橡胶。高分子材料的加工成型往往在黏流态进行，因此成型温度一般选择在 T_f 以上。

三、晶态高分子化合物的力学性质

完全结晶的高分子化合物只有晶态和熔融态（液态）两种状态，结晶熔化的温度称为熔点（T_m）。图1-2-11为晶态和半晶态高分子化合物的温度—形变曲线。

普通的晶态高分子化合物既包含结晶区，也包含无定形区。因此它们是晶态高分子化合物和非晶态高分子化合物力学状态的综合反映。高弹态仅发生在无定形区，所以形变量很小。当温度继续上升达到 T_m 时，结晶高分子化合物晶区熔融；但是否进入黏流态，要视高分子化合物的相对分子质量大小而定。

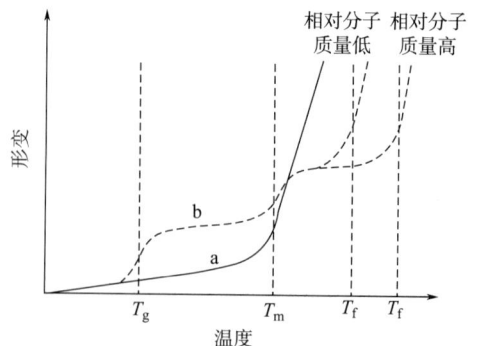

图1-2-11　晶态（a）和半晶态（b）高分子化合物的温度—形变曲线

（一）高分子化合物的拉伸性能

在受外力拉伸时，高分子化合物会发生形变。由于分子链单键内旋转、分子间作用力等，其分子内部会产生抵抗力，这种抵抗力与外力大小相等，方向相反。通常，将单位面积上产生的抵抗力称为应力。在外力作用下，高分子化合物相应的变形率称为应变。应力（σ）又称抗张强度，其单位是牛顿/米^2（N/m^2），在纺织纤维中常用牛顿/特（N/tex）。应变（ε）用$\Delta L/L_0$表示，ΔL为材料的伸长，L_0为材料的原长。

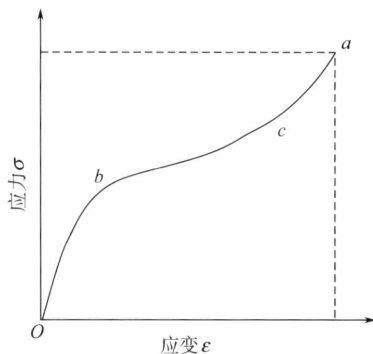

图1-2-12　高分子化合物的应力—应变曲线

描述高分子化合物拉伸性能时，一般采用应力—应变曲线。它是将高分子化合物在外力作用下从开始发生形变直至断裂的过程绘成一条曲线（图1-2-12）。

曲线中，开始阶段（Ob）应力与应变几乎呈直线关系，在这个阶段施加外力，高分子化合物发生形变，释放外力形变回复。其形变大小与外力呈正比，符合普弹形变变化规律。其直线的斜率称为弹性模量（E），也称杨氏模量。

$$E = \frac{\sigma}{\varepsilon}$$

这个阶段产生的形变很小，主要是键长、键角的变化。当应力超过b点，形变随应力迅速增大，因此b点又称为屈服点。屈服点所对应的应力称为屈服应力，所对应的应变称为屈服应变。高分子化合物在b点前显示刚性，在b点后显示柔性。这是因为高分子化合物大分子在外力作用下，分子间力受到破坏，链段甚至大分子均被拉直，因而形变很大。这种形变即使释放，外力也不能完全回复。ca段表示分子链取向度已经提高，再拉伸非常困难，所以形变减小，直至拉断（a）。a点对应的应力称为断裂应力或极限强度，对应的应变称为断裂应变或断裂伸长率。

应力—应变曲线包含的面积代表断裂功，它表示高分子材料被拉断时所需的外功。它的大小在一定程度上反映出高分子材料的耐用性。

由于高分子材料的分子结构和聚集态结构各异，导致其拉伸性能不同，因此不同材料的应力—应变曲线有很大的差异。图1-2-13是几种比较典型的高分子化合物的应力—应变曲线。不同类型高分子化合物的应力—应变曲线的特征见表1-2-2。

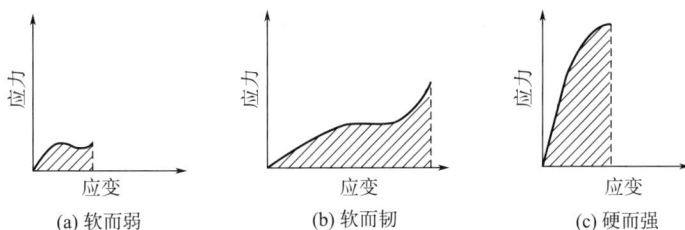

(a) 软而弱　　　(b) 软而韧　　　(c) 硬而强

图1-2-13

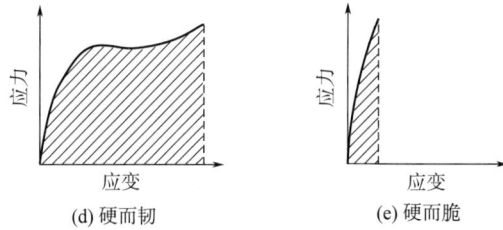

(d) 硬而韧　　　　　　　　(e) 硬而脆

图1-2-13　几种比较典型的高分子化合物的应力—应变曲线

表1-2-2　不同类型高分子化合物应力—应变曲线的特征

类型	特征				
	弹性模量	屈服应力	极限强度	断裂伸长	典型纤维
软而弱	低	低	低	中等	羊毛
软而韧	低	低	中等	高	锦纶
硬而强	高	高	高	中等	蚕丝
硬而韧	高	高	高	高	涤纶
硬而脆	高	无	中等	低	棉

（二）高分子化合物的力学松弛现象

一个理想的弹性体受到外力作用时，发生的形变与时间无关；一个理想的黏流体受到外力时，发生的形变与时间呈直线关系。高分子材料的形变既与温度相关，也与时间有关，因此，高分子材料通常被称作黏弹性材料。

高分子化合物的力学性质随时间而变化的现象称为力学松弛。利用力学松弛可以解释纤维材料的变形、形变回复等产生的原因，并对纤维的定形加工有理论指导意义。力学松弛现象包括蠕变、应力松弛、滞后现象和内耗。

1. 蠕变

蠕变是指在一定的温度和较小的恒定外力作用下，高分子材料的形变随时间的增加而增大的现象。例如，塑料雨衣在钉子上长时间悬挂而下坠变形，绷直固定的塑料晾衣绳会随时间的延长而松弛。不随时间变化的形变不属于蠕变，如弹性形变，当开始拉伸时弹性形变就已经存在。

高分子材料的蠕变是大分子链、链段运动的宏观表现。在外力作用下随时间的延长，大分子链段不断运动，由卷曲变为伸直，表现出高分子材料的高弹形变。如果受力时间继续延长，分子链之间会产生相对滑移，形成部分塑性形变。释放外力后，蠕变过程中的形变回复只是高弹态形变的回复。人们将高分子化合物在恒定应力作用下和放松后的形变–时间关系绘成曲线，称为蠕变曲线，如图1-2-14所示。

高分子材料的蠕变现象与温度高低和外力大小有关。一般温度低，外力小，蠕变缓慢；反之，蠕变明显。

2. 应力松弛

在保持高分子材料形变一定的情况下，高分子化合物内部应力随时间增加而逐渐衰弱的现象称为应力松弛。橡皮筋捆扎物体，开始时捆扎得很紧，但日久会逐渐变松，这就是应力松弛现象。

应力松弛产生的原因在于高分子材料受力时，分子链的伸展和相对位移来不及进行，因此应力很大。随着时间的推移，链段进行重排，分子链缓慢伸展导致应力逐渐衰弱。当外力作用时间足以使分子链产生位移时，应力会逐渐消失。

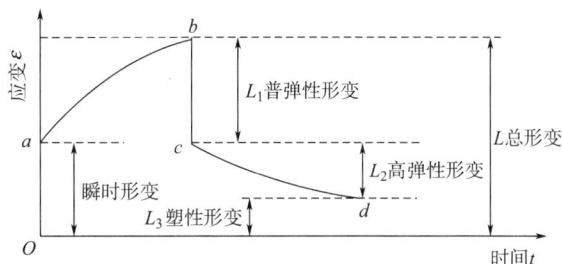

图1-2-14 高分子化合物的蠕变曲线图

应力松弛与蠕变一样，都反映了高分子化合物受外力作用后分子链由一种平衡状态转变为另一种平衡状态的松弛过程。因此，应力松弛也与温度、时间有关，提高温度可以使松弛时间缩短。涤纶等合成纤维的热定形加工正是利用了高分子化合物应力松弛的性质。

3. 滞后现象

在很多情况下，高分子材料受力并不恒定，而是周期性变化。在不断变化的外力作用下，由于大分子的构象改变是黏弹性，使得形态不能及时跟上应力的变化速度。无论应力增加还是减少，形变总是滞后于应力变化。高分子化合物这种形变总是落后于应力变化的现象称为滞后现象（图1-2-15）。

经过第一次的循环负荷后，所得到的负荷—伸长曲线形成一个滞后圈，如果循环负荷进行多次，纤维产生的剩余形变值不断积累。与滞后现象密切相关的是纤维的耐疲劳性（或耐多次变形性）。"疲劳"是指材料在多次重复施加应力、应变后其力学性质的衰减或损坏。一般地说，回弹性较好的纤维滞后圈面积较小，其耐疲劳性较高。

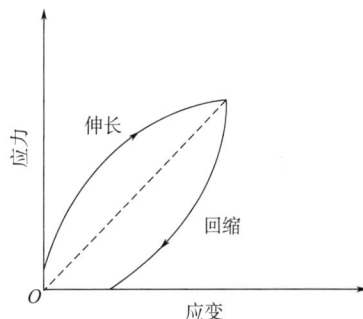

图1-2-15 高分子材料滞后现象示意图

4. 内耗

所谓内耗，是指高分子化合物在周期内变化的应力作用下，每一循环都要消耗一部分能量的现象。因为高分子化合物在外力拉伸和放松回缩时，形态的变化要适应应力的变化必须克服一定的阻力，从而导致内耗的产生。

对高分子材料而言，内耗既有有利的一面也有不利的一面。减震、隔音等材料要求内耗大一些，因为内耗大，吸收的能量多，效果好。而橡胶、纤维等材料的内耗应小些。如橡胶轮胎在使用过程中会产生内耗，而内耗是以热的形式释放的，这会导致轮胎温度升高，加速橡胶的老化，从而降低其使用寿命。

第四节　纺织纤维的主要力学性能

纺织品在生产和使用过程中，必然会受到各种机械力的作用。而纤维是组成纺织品的基本材料，它的力学性能将对纺织品的耐用性起着决定性影响。织物在使用过程中虽然会受到各种各样的作用，但最常见的是拉伸作用，因此纤维的拉伸性能与织物耐用性之间有着密切的联系。而纤维的断裂强度、断裂伸长率、应力—应变曲线、弹性等与纤维拉伸性能有关，本节将对此作简要介绍，并根据纤维的结构性能加以简要分析。

一、纤维的断裂强度和断裂伸长率

纤维的断裂强度（breaking tenacity）是指纤维在拉伸至断裂时所能承受的最大外力。衡量纤维强度的最简单的方法，就是测定纤维所能承受的最大负荷（P），即绝对强力。但这种方法没有考虑纤维的细度，因而没有可比性。通常采用将纤维的粗细也包括进去的强度来表示。

（一）纤维的断裂强度（相对强度）

断裂强度是指单位线密度的纤维或纱线所能承受的最大应力。单位为牛顿/特（N/tex），其计算式为：

$$P_{tex} = \frac{P}{Tt}$$

$$P_{den} = \frac{P}{N_d}$$

式中：P_{tex}——特克斯制断裂强度，N/tex；

　　　P_{den}——旦尼尔制断裂强度，N/旦；

　　　P——绝对强力，N；

　　　Tt——纤维的线密度，tex；

　　　N_d——纤维的旦尼尔数，旦。

几种常见纤维的断裂强度见表1-2-3。

表1-2-3　几种常见纤维的断裂强度

纤维	断裂强度/（cN/tex）	
	干态	湿态
棉	30.87 ~ 35.28	39.69 ~ 44.10
黏胶纤维	10.58 ~ 12.35	4.41 ~ 12.35
亚麻	30.87 ~ 44.10	57.33
羊毛	13.23	8.82
丝绸	39.69	24.70 ~ 35.28

续表

纤维	断裂强度/（cN/tex）	
	干态	湿态
聚酯纤维	21.17～61.74	—
锦纶	30.87～63.50	26.46～57.33
氨纶	6.17～8.82	—

纤维的强度又分为干强和湿强两种。干强是纤维达到平衡回潮时测定的，而湿强则是纤维在含湿状态下测定的。对吸湿性纤维而言，纤维的干、湿强度是不同的。棉、麻等纤维的湿强大于干强，而黏胶、毛等纤维则恰恰相反。对疏水性纤维，其干强和湿强几乎相等。产生这一现象的原因，将在本节的纤维断裂机理中讨论。

纤维断裂长度是指纤维本身的重量与其绝对强度相等时的长度，是纤维强度和细度的综合指标，其计算公式为：

单纤维断裂长度（km）= 单纤维强度（g）× 公制支数（m/g）× 0.001

细绒棉的断裂长度20～25km，长绒棉的断裂长度33～40km。纤维断裂长度是影响成纱强力的重要因素。

（二）纤维的断裂伸长率

纤维在拉力作用下将产生伸长，且随拉力作用时间的延长，纤维不断伸长，直至断裂。纤维断裂时的长度（L_R）与原长（L）之差称为断裂伸长（ΔL）。断裂伸长与纤维原长之比称为断裂伸长率（breaking elongation rate），以ε表示。

$$\varepsilon = \frac{\Delta L}{L} \times 100\%$$

纤维的断裂伸长率可以反映纤维的柔韧性，不同的纤维由于其化学结构和聚集态结构不同，断裂伸长率不同。一般在结晶度相同的情况下，取向度越低，断裂伸长率越高，韧性越大；反之，则脆性越大。

断裂伸长率大的纤维手感比较柔软，在纺织、染整加工时，可以缓冲所受到的力，毛丝、断头较少；但断裂伸长率也不宜过大，否则织物易变形。

普通纺织纤维的断裂伸长率在10%～30%范围内较合适。但对于工业用强力丝，则一般要求断裂强度高、断裂伸长率低，使其最终产品不易变形。几种常见纤维的断裂伸长率见表1-2-4。

表1-2-4　几种常见纤维的断裂伸长率

纤维	断裂伸长率/%	
	干态	湿态
棉	3～7	9.5
黏胶纤维	8～14	16～20

纤维	断裂伸长率/%	
	干态	湿态
亚麻	2	2.2
羊毛	25	35
丝绸	20	30
聚酯纤维	12～55	—
锦纶66	16～75	18～78
氨纶	400～700	—

二、纤维的初始模量

初始模量（initial modulus）也称杨氏模量或弹性模量，它是指材料所受应力与其相应形变之比，材料的初始模量通常是指使纤维产生1%伸长所需的力，以牛顿/特克斯（N/tex）表示。

纤维的初始模量与大分子链的结构和分子间作用力有关。大分子链的柔顺性越高，纤维的初始模量越小。对同一类纤维，结晶度和取向度高的纤维初始模量较大。

初始模量可表示纤维在外力作用下变形的难易程度。初始模量大，纤维不易变形，织物具有抗皱性和挺括性；反之，则表现为柔性。

三、纤维的应力—应变曲线

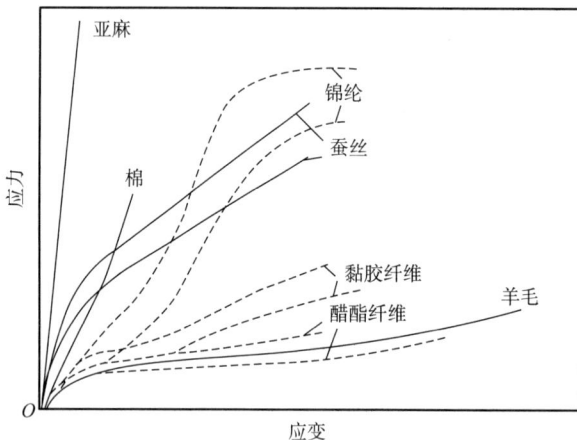

图1-2-16　几种常见纤维的应力—应变曲线

将纤维随着应力的增大逐渐发生应变的情况绘成曲线，即为应力—应变曲线，又称纤维的负荷—延伸曲线，由实验值绘得。利用纤维的应力—应变曲线可求出纤断裂强度、断裂伸长率及模量等反映纤维性能的重要数据，还可直接看出纤维的刚柔情况。

几种常见纤维的应力—应变曲线如图1-2-16所示。从图1-2-16可以看到，亚麻与棉的应力—应变曲线相似，都近似一条直线，没有明显屈服点，但前者的断裂强度和初始模量较高，断裂伸长率和断裂功较小，显得比较硬、脆，而棉纤维的韧性较大。黏胶纤维的应力—应变曲线与棉纤维相比有显著的不同，前者有明显的屈服点，断裂强度和初始模量均较小，但断裂伸长率较大，是一种软弱的纤维。

四、纤维的断裂机理

一般来说，纤维在外力作用下发生断裂，是因为外力破坏了分子链的共价键或分子间作用力的结果。对纤维来说，无论是共价键还是分子间力，都与大分子链的长度和取向度有关。大分子链越长，共价键和分子间力越大，其强度越高；大分子取向度越高，分子间力越大，纤维的强度越大。

纤维材料既有较高的长链结构，也有较高的取向度，它的断裂机理目前存在两种解释：一种解释是纤维大分子链在受外力作用时，由于不能承受外力的作用而发生大分子链的断裂，从而导致纤维材料的断裂；另一种解释是纤维在受外力作用时，大分子间的作用力不足以抵抗外力的作用，使得大分子链间发生相对位移，甚至滑脱，从而导致纤维的断裂。

但是对纤维素纤维来说，断裂不是由单纯的分子链断裂或分子链间相对滑移造成的。以麻纤维为例，其分子聚合度在10000以上，结晶度高达70%，原纤与纤维轴的交角小于$10°$，它的强度高达588N/tex（若纤维素纤维的密度以1.5g/cm^{3}计，则相当于9000kg/cm^2），但与高分子材料的理想强度$(15\sim20)\times10^4$kg/cm^{2}相比还要相差几十倍，显然，单纯的分子链断裂不是麻纤维断裂的唯一原因。

麻纤维素大分子上具有较多的羟基，分子间会形成大量的氢键，结晶度又高，因此单纯分子链的相对滑移，也不是纤维断裂的主要原因。

纤维的断裂机理可能是：

纤维的聚集态结构中存在孔隙和缺陷，在拉伸时未取向部分的氢键或范德瓦耳斯力受到破坏，缺陷首先断裂，缺口逐渐扩大，进而应力集中到主链上使共价键破坏，分子链断裂，导致纤维断裂。麻纤维的湿强比干强大，也是这种机理的佐证。

潮湿状态下水的增塑作用可以部分消除纤维大分子结构中的弱点，使得大分子结构中的缺陷得到改善，使应力分布更加均匀，从而增大了纤维的强度。但对黏胶纤维来说，大分子的聚合度较低，只有250～500，结晶度较低，取向度也不高，本身分子间作用力小，它的断裂主要是由大分子链或其他结构单元之间相对滑移形成的。

黏胶纤维的湿强比干强低得多，可能是因为吸湿后由于水的溶胀作用，更降低了纤维的分子间力，有利于分子链间或结构单元间的相对滑移。如果在纤维的分子间引入交联，防止相对滑移，就会大大提高黏胶纤维的强度。在日常生活中，黏胶纤维织物水洗时要轻揉，而船用缆绳一般采用麻纤维等就是利用上述原理。

棉纤维由于聚合度和结晶度都较高，具有与麻纤维相似的断裂机理，但由于其取向度比麻纤维差，所以强度也较麻纤维低。

由此可见，麻、棉和黏胶纤维的断裂机理是不同的。产生这种现象的原因，主要与纤维聚集态结构和相对分子质量大小密切相关。

五、纤维的弹性

纤维的弹性（elasticity）就是纤维从形变中回复原状的能力，它是纤维的主要力学性能。弹性高的纤维组成的织物外观比较挺括，不易起皱，如毛织物。另外，纤维的弹性对纺织品的耐穿、耐用性能也有重要的影响。

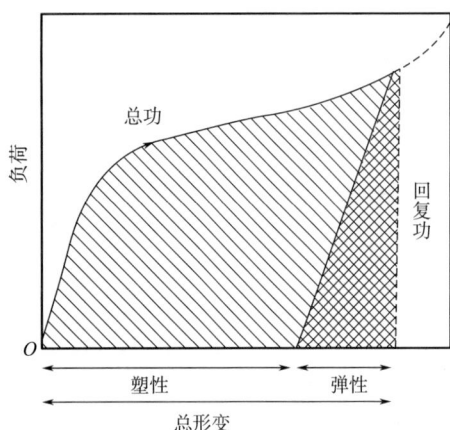

纤维在受到较小的外力作用后产生的形变，放松后视外力或纤维形变大小而有不同程度的回缩。当应力或形变小于纤维的屈服应力或屈服应变时，放松后被拉伸了的纤维基本上能迅速回复到原来的长度，若超过了屈服点，有一部分形变难以回复或不可回复，这是因为纤维的弹性不一样。一般按回复的情况可分为可回复弹性形变和不可回复形变，即纤维的弹性和塑性形变，如图1-2-17所示。

纤维从受拉伸直到断裂，外力对纤维所做的总功称为断裂功。如图1-2-17所示，断裂功等于应力—应变曲线下的面积。

图1-2-17　纤维的弹性和塑性形变示意图

纤维的断裂功随纤维的粗细和试样原始长度而变化。为了便于比较，通常采用断裂比功来表示。断裂比功是指单位线密度和单位长度的试样拉伸至断裂，外力所作的功。断裂功和断裂比功是量度纤维韧性的指标，它可以有效地评定纺织纤维的强韧性和耐磨性。

纤维的弹性可采用形变回复率来表示：

$$形变回复率 = \frac{弹性形变}{总形变}$$

完全回复时的形变回复率为1（或100%），完全不回复的则为0，不完全回复的则为0~1。

纤维的弹性与纤维的结构是有关系的。从纤维素的分子结构来看，分子主链上具有葡萄糖环，葡萄糖环上又有羟基存在，分子间可形成大量的氢键，内旋转困难，是一种比较僵硬的大分子，在一般条件下都是处于玻璃态，不能产生明显的高弹形变。棉、麻纤维由于结晶度和取向度都比一般黏胶纤维高，具有大的初始模量，显出类似硬弹簧的弹性，能承受较大应力的作用而不发生很大形变，放松后能回复原状，有较好的弹性。

但当应力超过它的弹性极限，即屈服力以后，可能会发生一定的强迫高弹形变甚至塑性形变。在强迫高弹形变中伴随有氢键断裂，部分晶体解体，形变发生后又有新氢键的生成和取向再结晶。所以，外力松弛后，只能部分缓缓回缩，造成形变回复率降低，弹性较差。

而一般黏胶纤维由于结晶度、取向度、聚合度和初始模量都较低，因而与棉相比具有较低的弹性，而且发生塑性形变和永久形变的机会也较大，特别是潮湿状态更是如此，染整加工时应加以注意。

耐磨性是影响纤维耐用性能的主要指标。耐磨性一般用纤维经多次拉伸后的断裂功来表示。实践证明，耐磨性是纤维强度、延伸度和回弹性三种力学性能的综合表现，其中又以延伸度和回弹性的影响更为重要。例如，麻纤维的强度虽高，但延伸低，弹性差，故耐磨性也差；羊毛纤维的强度虽低，但延伸度高，弹性好，经多次拉伸后的断裂功降低不多，故耐磨性好；锦纶则由于强度、延伸度和弹性都高，故耐磨性特别好。

本章节内容主要介绍高分子物理的相关基础知识，也可分布和结合第三章相应的纤维素大分子结构和力学性能进行阅读。

练 习 题

一、单项选择题

1. 恒定外力作用下，材料形变随时间而增大的现象称（ ）。

A. 内耗　　　　　B. 应力松弛　　　C. 蠕变

2. 热塑性纤维受热温度升高，出现两个转变温度，分别是（ ）和黏流温度。

A. 熔融温度　　　　B. 玻璃化转变温度　　　　　　C. 常温

3. 纤维的吸湿性与纤维中的（ ）基团有关，这类基团越多，纤维的吸湿能力越强。

A. 烷基　　　　　B. 疏水性　　　C. 亲水性

4. 测试机织物拉伸断裂强度的方法有（ ）。

A. 单舌法　　　　B. 抓样法　　　C. 落锤法　　　　D. 双缝法

5. 织物的（ ）与织物厚度无关。

A. 保暖性　　　　B. 标准回潮率　　C. 悬垂性　　　　D. 透气性

二、判断题（判断为正确打"√"，判断为错误打"×"）

1. 制作纤维切片时，通常第一片舍去不用。（ ）

2. 纤维在吸湿时会放出热量，所以库存时空气潮湿，可能会引起火灾。（ ）

3. 吸湿性是指纺织材料在大气中吸收或放出气态水的能力。（ ）

4. 根据纺织材料的保暖性，一旦服装纤维层中的空气发生流动，纤维层的保暖性就大大提高。（ ）

5. 热塑性纤维受热温度升高，相继出现玻璃态、高弹态及黏流态三种物理状态。（ ）

6. 条样法是指试样的整个宽度全部被夹持在规定尺寸的夹钳中的一种织物拉伸试验。（ ）

三、计算题

1. 计算原棉含水率为15%时的回潮率。

2. 计算苎麻回潮率为12%时的含水率。

3. 某种纤维原长为15cm，在一定拉力下伸长到18cm，去除外力后，纤维长度为15.2cm，计算该纤维的形变回复率。

4. 比较甲、乙、丙纤维的相对强度,并排列顺序。

项目	甲纤维	乙纤维	丙纤维
细度	2tex	60公支	2tex
断裂强力	600cN	100N	500g

四、简答题

1．有A、B两种纤维的应力—应变曲线如下图所示，试比较二者的刚性、柔韧性和断裂强度。

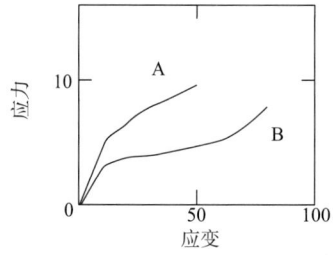

2．请说明影响织物拉伸强力测试结果的主要因素。

第三章 纤维素纤维

棉、麻、黏胶纤维、铜氨纤维、醋酯纤维等都是纤维素纤维（cellulosic fiber），但是棉、麻纤维属于天然纤维素纤维，黏胶纤维、铜氨纤维、醋酯纤维等是再生纤维素纤维。本章将着重介绍这几种纤维素纤维的形态结构、分子结构、聚集态结构、主要化学性能。

第一节 棉、麻纤维的形态结构和纤维素共生物

一、棉纤维

人类利用棉花（cotton）有着悠久的历史，早在公元前5000年至公元前7000年前，中美洲已开始使用，在南亚次大陆也有5000年历史。棉花传入中国，大约有3条不同的途径。南路是印度的亚洲棉，在秦汉时期经东南亚传入海南岛和两广地区；北路是由印度经缅甸传入云南和四川，时间大约在秦汉时期；第三条途径是非洲棉经西亚传入"西域"新疆、河西走廊一带，时间大约在南北朝时期，宋元之际，棉花传播到长江和黄河流域广大地区。

目前中原地区所见到的最早的棉纺织品遗物，是在一座南宋古墓中发现的一条棉线毯。至少从这时期起，棉布逐渐替代麻、丝绸，成为中国人主要的服饰材料。元代初年，政府设立木棉提举司，把棉布作为夏税（布、绢、丝、棉）之首，并出版种植棉技术书籍，劝民植棉。从明代宋应星的《天工开物》中所记载的"棉布寸土皆有"，"织机十室必有"，可知当时种植棉和棉纺织已遍布各地。

1. 棉纤维的生产

（1）棉纤维的形成过程。棉纤维是从棉籽表皮细胞突起生长而成的。每一根纤维就是由一个细胞生长而成，棉纤维的生长、发育、成熟分为三个阶段。

①生长期。细胞逐渐发育成为一个具有薄壁、内部充满原生质的圆形小管，在授粉后的第15～25天，纤维细胞增长到成熟时的长度。

②发育期。即胞壁增厚期，这时细胞壁不断加厚，原生质转变为纤维素，并逐渐沉积在细胞内壁上，细胞腔逐渐缩小，细胞壁由外向内不断淀积纤维素而逐日增厚，最后形成一根两端较细，中间较粗的棉纤维。加厚期一般为第30～50天。

③成熟期。即转曲期，棉铃开裂吐絮，棉纤维与空气接触，纤维内水分蒸发，细胞腔中的液体逐渐干涸，胞壁发生扭转，形成不规则的螺旋形——天然转曲。

在棉纤维细胞壁内由于纤维素的生长排列方向不同，造成内应力不均匀，使得成熟纤维出现收缩和扭曲。一般扭曲数在60～120个/cm，棉纤维成熟度越高，天然扭曲数越多。天然扭曲使棉纤维具有一定的抱合力，有利于纺纱工艺过程的正常进行和成纱质量的提高。

（2）棉纤维的加工过程。从棉田里摘下来的棉花，经晒干或烘干后称为籽棉；籽棉经过轧花厂的初步加工（轧花），去除其中的棉籽和部分机械杂质后称为皮棉（原棉）；原

棉经纺纱、织布、染整、服装制作进入消费市场。

（3）棉花的主要种类。棉花的主要种类是细绒棉（陆地棉）。纤维长度一般为 23~33mm，线密度为1.43~2.22dtex（7000~4500公支），断裂长度20~25km，可纺制 10~100tex的棉纱，是主要的纺织原料，棉纤维中85%以上是细绒棉。长绒棉（海岛棉），纤维长度一般为33~45mm，线密度为1.11~1.43dtex（9000~7000公支），断裂长度 33~40km，可纺10tex以下的优级棉纱和特种用纱。目前长绒棉约占棉纤维总产量的10%，在我国新疆、广东等地区均有种植。

2. 棉纤维的形态结构

通过显微镜观察棉纤维的纵向形态和横向切片，成熟棉纤维的纵向形态为上端尖而封闭，下端粗而敞口，整根纤维为细长的扁平带状，有螺旋状扭曲；横向截面形态呈腰子形，中间有干瘪的空腔。成熟棉纤维的形态如图1-3-1所示。

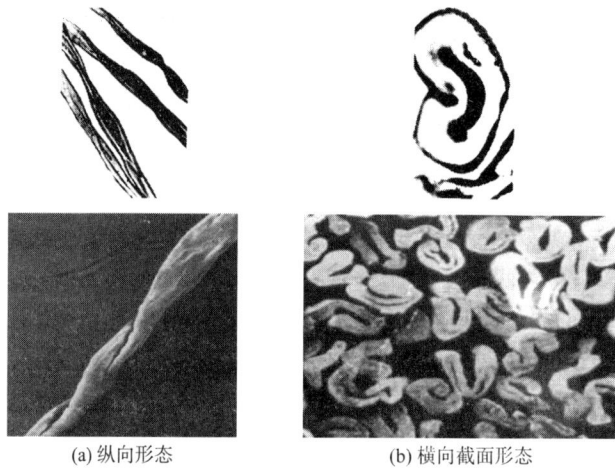

| (a) 纵向形态 | (b) 横向截面形态 |

图1-3-1　成熟棉纤维在显微镜下观察到的形态

棉纤维经过溶胀等处理后，在显微镜下进一步观察发现，一根纤维从外到里可分为3层，外层称为初生胞壁，中间层为次生胞壁，内部为胞腔。图1-3-2是棉纤维形态结构模型示意图，其中S_1，S_2，S_3分别表示次生胞壁的外、中、内层。

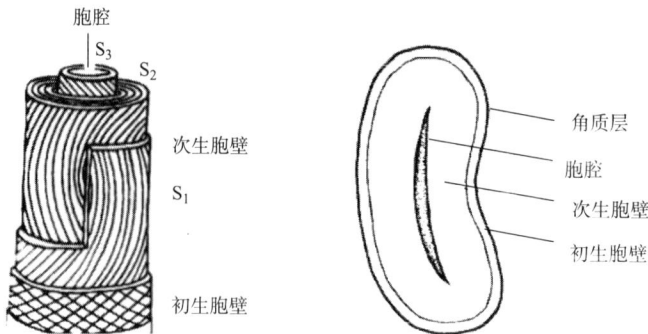

图1-3-2　棉纤维形态结构模型示意图

（1）初生胞壁。初生胞壁的厚度为0.1～0.2μm，与纤维的直径相比是比较薄的一层。初生胞壁决定了棉纤维的表面性质。

初生胞壁的果胶、蜡状物质含量较高，具有拒水性，在棉纤维的自然生长过程中起保护作用，而在染整加工中会阻碍化学试剂向纤维内部扩散，造成织物渗透性差，减弱化学反应程度，出现染色不均匀等疵病，应在染整加工的前处理工序中去除。

（2）次生胞壁。次生胞壁是纤维素沉积最厚的一层，约4μm，是构成纤维的主体部分，纤维素含量很高。这一层的质量约占整个纤维质量的90%以上，其组成和结构决定了棉纤维的主要性质。

通过化学分析，初生胞壁和次生胞壁中纤维素、果胶等物质的含量见表1-3-1。

成熟棉纤维的化学组成见表1-3-2。

表1-3-1 棉纤维各层的主要化学成分及其含量

组成	初生胞壁/%	次生胞壁/%
纤维素	52	94.3
果胶质	12	1
蜡状物	3	0.9
灰分	7	0.6
有机酸和糖类	14	1

表1-3-2 成熟棉纤维的化学组成（以绝对干燥纤维重量计算）

成分	含量/%	成分	含量/%
纤维素	94.0	有机酸	0.8
果胶质（以果胶酸计）	0.9	蜡状物质	0.6
灰分	1.2	未知部分	0.9
含氮物质（蛋白质计）	1.3		

由于棉纤维在生长期受到光照和温度的不同，在纤维的截面上形成25～40层的同心圆日轮，每层厚0.1～0.μm。次生胞壁大体上可分为三层，即外层S_1、中层S_2和内层S_3。每层原纤的走向与相邻层不同，但绕纤维轴呈20°～23°的螺旋状排列。

（3）胞腔。棉纤维的胞腔是输送养料和水分的通道，在生长初期胞壁薄而腔大，内部充满原生质。随着纤维的逐渐成熟，胞壁逐渐加厚，此时胞腔渐渐变窄，以致完全干涸变瘪，蛋白质、色素等物质的残质沉积在细胞壁上。胞腔是纤维内最大的孔隙，因此也就成了棉纤维化学处理和染色时染化料试剂的重要通道。

3. 纤维素共生物

棉纤维在生长过程中，纤维素的含量随着棉成熟度的增长而增加，约占90%以上，除此之外纤维还含有一定量的天然杂质，这些物质与纤维素共生共长，因此称其为纤维素共生物。纤维素共生物主要有果胶、含氮物质、蜡状物质、色素等（表1-3-1、表1-3-2）。

纤维素共生物在棉织物染整加工中影响纤维的润湿性、白度、染色等性能。在染整加工的前处理中要去除这些共生物，以适应染整加工与服用要求。

（1）果胶物质。果胶物质广泛存在于自然界的植物中。棉和麻中均含有此类物质，棉纤维中果胶物质的含量随棉纤维成熟度的提高而降低。成熟的棉纤维中果胶物质的含量低于0.9% ~ 1%，果胶物质主要存在于纤维的初生胞壁中。

果胶物质的主要成分是果胶酸的衍生物。棉纤维上的果胶物质以Ca、Mg盐和甲酯形式存在，它的亲水性比纤维素要低。果胶物质对纤维的润湿性、色泽和染色牢度有一定的影响，不利于纤维的染色和印花等化学加工。

（2）蜡状物质。在棉纤维中，不溶于水而能被有机溶剂提取的物质，统称为蜡状物质。它主要存在于初生胞壁中，含量为0.5% ~ 0.6%。

其中棉醇的含量最大，约占蜡状物质总量的44%。蜡状物质对纤维的润湿性能有很大影响，可借助于皂化和乳化作用而去除。

（3）含氮物质。含氮物质主要是以蛋白质的形式存在于纤维的胞腔中，含量大约为1.3%。织物在加工或服用过程中，若有蛋白质存在，经过漂洗与有效氯接触，很容易形成氯胺，引起织物泛黄。

棉纤维中的含氮物质可分为两部分，一部分为无机盐类，如硝酸盐或亚硝酸盐，其含量占含氮物质总量的20%，可溶于60℃的热水或常温稀酸、稀碱中；另一部分主要为蛋白质，需要在烧碱溶液中长时间煮沸除去。

（4）灰分（无机盐类）。成熟棉纤维的灰分含量占1% ~ 2%，由各种无机盐组成，其中包括硅酸、碳酸、硫酸和磷酸的钾、钠、钙、镁和锰盐，氧化铁和氧化铝。以钾盐和钠盐的含量最多，约占灰分总量的95%。

无机盐的存在对纤维的吸水性、白度和手感有一定影响。而且某些盐类和氧化铁等，对于漂白粉的分解有催化作用，容易造成染整加工疵病。在练漂过程中，灰分可通过水洗和酸洗去除。

（5）色素。棉纤维中的有色物质称为色素，有乳酪色、褐色、灰绿色等。色素影响织物的白度。可通过漂白作用去除。

（6）棉籽壳。棉籽壳不是棉纤维的共生物。原棉在轧花过程中使棉籽和棉纤维分离，但是少量棉籽壳的残片附着在纤维上，影响棉织物的外观。棉籽壳的化学组成主要是木质素，在高温烧碱、亚硫酸氢钠的作用下可除去。

二、麻纤维

埃及人利用亚麻纤维已有8000年的历史，亚麻（linen;flax）从埃及逐步传入欧洲，使欧洲成为亚麻布的重要产地。

苎麻（ramie）原产于中国，在新石器时代，就已采用苎麻纤维作为纺织原料。湖南省长沙市马王堆汉墓中出土的苎麻布，织工已很精细。麻的使用历史要比棉纤维早得多。

1. 麻纤维的形态结构

麻纤维是从各种麻类植物取得的纤维，包括一年生或多年生草本双子叶植物皮层的韧皮纤维和单子叶植物的叶纤维。

亚麻和苎麻纤维生长在韧皮层中，纤维束是由多根纤维以中间层相互连接起来，单纤维在纵向彼此穿插。因此，纤维束连续纵贯全层，等于植物的高度，纤维束在横向又绕全茎相互连接。

单根麻纤维是一个厚壁、两端密闭、内有狭窄胞壁的长细胞。苎麻单纤维两端呈锤头形或分支；亚麻两端稍细，呈纺锤形。

苎麻纤维主要分布于苎麻茎的纤维层，横切面呈椭圆形、多边形和不规则形，细胞壁厚度均匀，具有成层结构，可看到2～3层，胞壁上具有单纹孔与外围纤维细胞或薄壁细胞相通。胞腔和纤维细胞壁一样呈椭圆、多边形和不规则形等各种形状，胞腔部分中空，部分边缘附着细胞质。

苎麻纤维上具有竖纹和横节。竖纹的形成与纤维中分子组成的原纤排列有关，而横节则是由于纤维张紧处弯曲使原纤分裂所致。电子显微镜观察苎麻纤维结构，有交叉和扭曲现象。扭曲主要是在近端部，中部较少。

麻纤维的纵横向形态如图1-3-3所示。苎麻纤维束的形态示意图如图1-3-4所示。

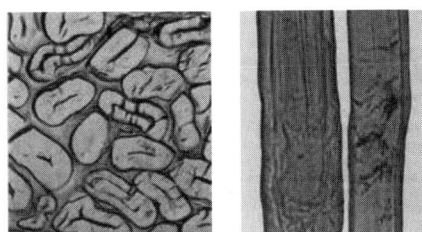

苎麻横、纵向形态

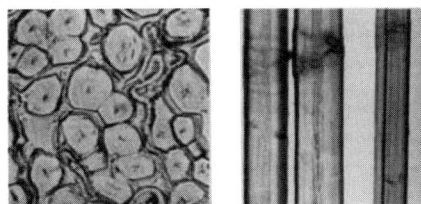

亚麻横、纵向形态

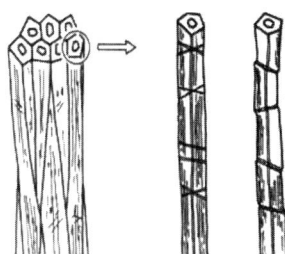

图1-3-3　苎麻、亚麻纤维纵横向形态

图1-3-4　苎麻纤维束示意图

几种麻纤维的长度和截面直径见表1-3-3。

表1-3-3　几种麻纤维的长度和截面直径

纤维	长度/mm	截面直径/μm	纤维	长度/mm	截面直径/μm
苎麻	127～152	20～75	大麻	13～25	16～50
亚麻	11～38	11～20	黄麻	2～5	20～25

2. 麻纤维的化学组成

麻纤维的主要化学成分是纤维素，含量较低，还含有蜡状物质、木质素、果胶物质、含氮物质和灰分等。中国苎麻的组成见表1-3-4。

表1-3-4 中国苎麻的组成

成分	纤维素	水分	蜡状物	木质素	果胶物质	未测定部分	合计
含量/%	61.02	11.10	1.02	2.00	14.81	9.05	100

苎麻被称为"中国草"，以我国的产量最多，其品种优良，有较好的光泽，呈青白色和黄白色。苎麻织物宜作夏季服装的面料和西装面料，同时也是抽纱、刺绣工艺品的优良用布。

近年来，麻纤维的纺织加工技术有了很大进展，特别是对麻织物易皱、接触皮肤有刺痒感和有不适感等缺点有了较大改进。同时，麻纤维材料符合人们保护环境、回归自然的思想观念。

第二节　纤维素纤维的分子结构和聚集态结构

一、纤维素纤维的分子结构

棉、麻和黏胶纤维的基本组成物质都是纤维素。纤维素是一种多糖物质，分子式可写成$(C_6H_{10}O_5)_n$。

纤维素大分子的化学结构是由β-D-葡萄糖剩基彼此以1,4苷键链接而成，结构如图1-3-5所示。

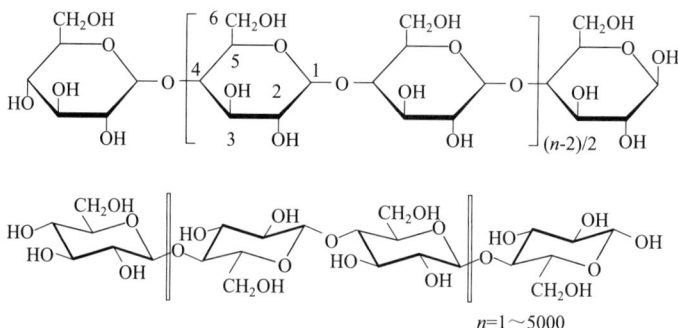

图1-3-5　纤维素大分子的化学结构

从上图可以看出，纤维素分子中的葡萄糖剩基（不包括两端）上有3个自由存在的羟基，其中2、3位上是两个仲羟基，6位上是一个伯羟基，它们具有一般醇的特性；在两端的葡萄糖剩基上，有4个自由存在的羟基，右端的剩基中含有一个潜在的醛基，使纤维素具有还原性。

二、纤维素纤维的聚集态结构

纤维素纤维的聚集态结构，也称超分子结构或微结构。人们借助于X射线衍射仪、电子扫描显微镜、扫描隧道显微镜等手段，了解棉纤维大分子排列状态、排列方向、聚集紧密程度等微结构方面的情况。

（一）X射线衍射分析

1. 棉纤维的X射线图像

当用X射线对棉纤维及丝光棉纤维进行衍射试验时，它们的衍射图像并非完全模糊的阴影，也不是明暗相间的同心圆，而是有干涉点或干涉弧存在，说明这两个纤维的聚集态结构不是完全无定形的，而是有晶体存在，并且它们的长轴虽然不是完全与纤维轴相平行，但也不是完全杂乱无序，而是具有一定的取向度。

2. 棉纤维中纤维素的单元晶格

根据丝光前后棉纤维的X射线衍射图中干涉点与弧的位置、间距以及纤维素的分子结构，推算出其晶格属于单斜晶系，天然纤维素被称为纤维素Ⅰ，它的单元晶格及其投影如图1-3-6所示。

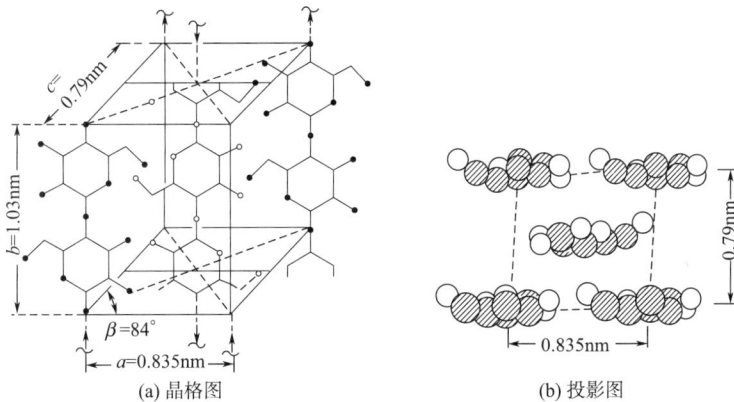

| (a) 晶格图 | (b) 投影图 |

图1-3-6　天然纤维素单元晶格及其投影

从图1-3-6中可以看出，a、b、c三轴各不相等，a、c轴夹角$\beta=84°$，其他轴夹角均为90°；每一个晶格中包括五个纤维素大分子链中的两个环，晶格中心的大分子链与四角的分子链走向相反，且相位错半个葡萄糖环高度。

纤维素大分子沿b轴排列，以双糖长度为单元晶格的恒定周期，如图1-3-6（b）所示。棉纤维经丝光后，天然纤维素的晶格参数发生一定变化，呈现另一种X射线衍射图像，此维素称纤维素Ⅱ。纤维素Ⅱ仍属于单斜晶系，其晶格参数：$a=0.81nm$，$b=1.03nm$，$c=0.91nm$；a、c轴夹角$\beta=62°$，其他轴夹角均为90°。

3. 纤维的结晶度和取向度

通过纤维素纤维的X射线图像中衍射强度的分析，可推算出结晶度。结晶度为结晶部分在整体纤维中的含量。棉纤维的结晶度约为70%，麻纤维约为90%，无张力丝光棉纤维约为50%，黏胶纤维约为40%。纤维的结晶度与纤维的物理性质、化学性质和力学性质均有密切联系。

纤维中的晶体在自然生长过程中形成一定的取向性（取向度），以晶体的长轴与纤维轴的夹角即螺旋角表示，旋转角越小，取向度越高。棉纤维次生胞壁外层的螺旋角为30°~35°，麻纤维的螺旋角为6°~8°，黏胶纤维的螺旋角为34°。

（二）扫描隧道显微镜和电子扫描显微镜分析

1. 棉纤维的扫描隧道显微镜观察

利用普通光学显微镜可以观察到棉纤维中存在着粗大的原纤，电子显微镜发现微原纤。用扫描电镜（SEM）可以直接观察到棉纤维中的原纤组织（图1-3-7），其中的纤丝直径为500nm左右，它是组成纤维素纤维的最大结构单元，纤丝平行排列在一起，但是由于SEM分辨率较低，加之试验时需在纤维素纤维表面喷一层金膜，因此从SEM图像中很难进一步观察到纤丝的精细结构。

现在可用更为先进的扫描隧道显微镜对微晶纤维素的聚集态结构进行直接观察。从扫描范围可以观察到，微纤丝（microfibril）由更细的结构——基原纤丝（elementary fibril）以平行排列方式组成，基原纤丝的直径为2~4nm，它的结构单元是以β-1,4-苷键连接而成的纤维素分子（图1-3-8）。

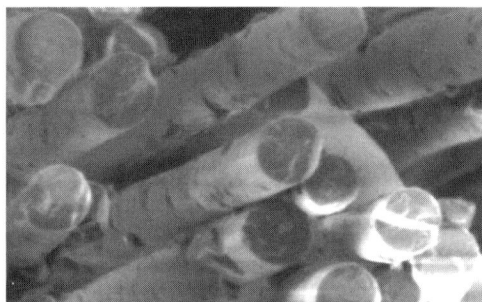

图1-3-7　棉纤维的微原纤（×2000）

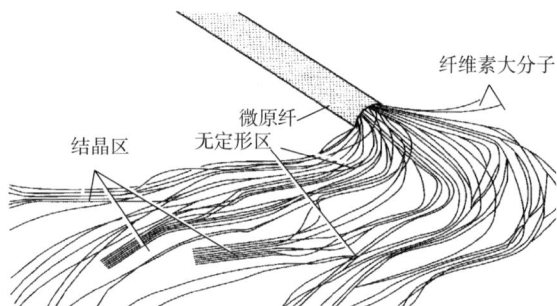

图1-3-8　纤维素大分子形态示意图

2. 麻纤维的电子显微镜观察

纺织材料学认为，苎麻韧皮纤维的巨原纤是由纤维素大分子经基原纤、微原纤、原纤逐级大体平行排列构成大分子束，半纤维素、木质素等伴生物分布于各级原纤之间及其内部的缝隙和孔洞，纤维刚性强、弹性差、抱合力较小是由于纤维素大分子的结晶度和取向度较高。

苎麻韧皮纤维细胞壁的巨原纤在其原始状态下大体上是圆柱形，扭曲较多，表面平滑，极个别有不规则的膨大现象，直径为0.25μm左右。相邻的巨原纤之间普遍存在着交织现象，但绝大部分趋向纤维轴向排列。在细胞壁的不同部位，原纤存在着局部的和整齐的间断现象（图1-3-9）。

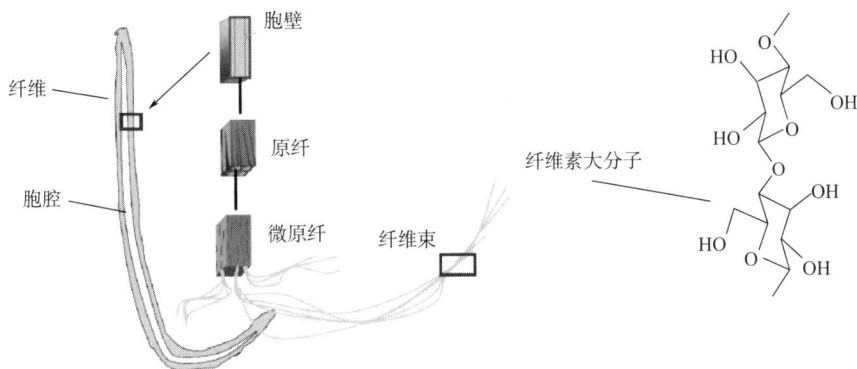

图1-3-9 纤维素大分子结构示意图

第三节 纤维素纤维的主要化学性质

纤维的结构决定纤维的性能，而纤维的性能是纤维结构的反映，两者是密切相关的。本节将借助纤维的结构来阐述与染整加工密切相关的几种纤维素纤维的主要化学性质，以及经过这些化学作用后，纤维在结构和性能方面所发生的一些主要变化。

从纤维素的分子结构来看，它至少可能进行两类化学反应：一类是与纤维素分子结构中连接葡萄糖剩基的苷键有关的化学反应，如强无机酸对纤维素的作用就属于此类；另一类则是与纤维素分子结构中葡萄糖剩基上的3个自由羟基有关的化学反应，如纤维对染料和水分的吸附、氧化、酯化、醚化等。本节将对这些化学反应做详细介绍。

从纤维素纤维的形态和聚集态结构来看，在保持纤维状态进行化学反应时，具有反应不均一的特征，染整加工所进行的化学反应往往多属于此类。这种现象主要与纤维的形态和聚集态结构的不均一有关。纤维素纤维分子在纤维中组成原纤、晶区和无定形区，形成了特定的形态和聚集态结构。不同的试剂在不同的介质中只能深入纤维中某些区域，而不能到达纤维内排列紧密的晶区，造成各部分所发生的化学反应程度不同。大部分化学试剂只能到达纤维素的无定形区，不能进入结晶区，无定形区比例越大，可及度越高。无定形区的氢键数量少，分子结合松散，试剂容易进入，反应性好。

一、纤维素纤维的吸湿和溶胀

（一）纤维素纤维的吸湿性

纺织纤维放在空气中，会不断地和空气进行水蒸气的交换。纤维不断地吸收空气中的水蒸气，同时不断向空气放出水蒸气，直至建立起动态平衡。如以前者为主即为吸湿过程，以后者为主即为放湿过程。纺织纤维在空气中吸收或放出水蒸气的性能称为吸湿性（hygroscopicity）。吸湿性常用吸湿率（或回潮率，R）和含水率（M）这两项指标来表示。吸湿率或回潮率，指是纤维内水分质量与绝对干燥纤维质量之比的百分数。含水率是纤维内水分质量与未经烘燥纤维质量之比的百分数。

$$R = \frac{W}{D} \times 100\%$$

$$M = \frac{W}{D+W} \times 100\%$$

式中：W——试样吸收水分的重量；

　　　D——绝对干燥试样的重量。

在标准状态下纤维制品达到吸湿平衡时的回潮率称为标准回潮率。国际标准规定，标准大气指温度为20℃，相对湿度（RH）为65%，大气压力为1标准大气压，即101.3kPa（760mmHg柱）。纤维素纤维与其他常见纤维回潮率的比较见表1-3-5。

表1-3-5　纤维素纤维与其他常见纤维回潮率的比较

纤维种类	标准回潮率/%	纤维种类	标准回潮率/%
原棉	7 ~ 8	涤纶	0.4 ~ 0.5
细羊毛	15 ~ 17	锦纶6	3.5 ~ 5
桑蚕丝	8 ~ 9	锦纶66	4.2 ~ 4.5
苎麻	12 ~ 13	腈纶	1.2 ~ 2
普通黏胶丝	13 ~ 15	丙纶	0
富强纤维	12 ~ 14	维纶	4.5 ~ 5

由于纺织原材料买卖交易和产品材质含量检验的需要，国家对各种纺织材料的回潮率规定了相应的标准，称为公定回潮率。通常测定羊毛、生丝、棉花等商品的实际回潮率（含水率）以计算商品干净重，再换算成公定回潮率重量。纺织材料在公定回潮率时所具有的重量称为公量。

（二）纤维素纤维吸湿性的影响因素

1. 亲水性基团

纤维的吸湿性与纤维本身的性质有关，如与纤维中的亲水性基团有关。纤维大分子中，亲水性基团的多少和亲水性基团的强弱均能影响其吸湿能力，如羟基（—OH）、酰氨基（—CONH）、氨基（—NH₂）和羧基（—COOH）等较强亲水性基团，它们与水分子的亲和力较大，能与水分子形成结合水。这类基团越多，纤维的吸湿能力越高。纤维素纤维，如麻、棉、黏胶纤维、铜氨纤维等，大分子中的每一葡萄糖剩基含有3个羟基，吸湿性较大，醋酯纤维中的大部分羟基被乙酰基取代，而乙酰基对水的吸附能力不强，因此吸湿性较差。

2. 结晶度

通过试验发现，棉和黏胶纤维虽然都是纤维素纤维，但两者在相同环境中的吸湿率是不同。黏胶纤维的吸湿率要比棉纤维大得多，在5% ~ 80%相对湿度条件下的吸湿率之比约为2∶1（表1-3-6）。

表1-3-6　黏胶纤维与棉纤维的吸湿比

相对湿度/%	5	20	40	60	80
吸湿比（黏胶纤维∶棉）	1.99∶1	2.13∶1	2.08∶1	2.03∶1	1.98∶1

这两种纤维吸湿率的不同，主要是由纤维聚集态结构不同引起的。吸湿比恰好接近于这两种纤维在无定形部分的含量之比，而且纤维吸湿时其X射线衍射图像不发生变化，因此可以认为纤维的吸湿主要发生在纤维的无定形区和晶区的表面。棉纤维的结晶度为70%，而黏胶纤维为30%，所以黏胶纤维的吸湿性比棉纤维高得多。显然，纤维的结晶度越高，吸湿性越差。

3. 表面吸附

纤维的吸湿性还与纤维的比表面积有关。单位重量的纤维所具有的表面积，称为比表面积。比表面积越大，表面能就越高，表面吸附能力就越强。纤维表面吸附的水分子数越多，表现为吸湿性越好。细纤维较粗纤维的吸湿率偏大。

4. 纤维内部孔隙

纤维内的孔隙越多，水分子越容易进入，毛细管凝结水增加，纤维吸湿性越强。黏胶纤维的结构比棉纤维疏松，它的吸湿性高于棉。合成纤维的结构一般比较紧密。而天然纤维组织中有微间隙，天然纤维的吸湿率远大于合成纤维。当纤维素吸湿达到纤维饱和点后，水分子继续进入纤维的细胞腔和孔隙中，形成多层吸附水或毛细管水，这种水相对于氢键的"结合水"称为"游离水"。

5. 纤维伴生物

纤维素纤维的各种伴生物和杂质对吸湿性也有影响。例如，棉纤维中有含氮物质、蜡质和果胶物质等，其中含氮物质和果胶较其主要成分更能吸收水分。麻纤维中的果胶和蚕丝中的果胶有利于吸湿。

纤维的吸湿性还与所处空气的温度和湿度有关，棉纤维在相对湿度为65%，温度为20℃的标准状态下，吸湿率为7%～8%。

（三）纤维素纤维的溶胀

随着纤维的吸湿过程，将发生纤维的膨化，这主要是由于水分子进入纤维内部，削弱了分子间的联系，使分子间力降低，分子间距离增大，使纤维的体积增大即纤维发生膨化。膨化后的纤维有利于其他物质分子的进入，反应性及对染料的吸附能力大大提高。

纤维在溶胀时，直径增大的程度远大于长度增大的程度，这种现象称为纤维溶胀的各向异性。

纺织材料吸湿的多少会影响纤维的重量、强力等许多物理性能，从而影响其加工工艺和使用性能。

纺织材料吸湿性的大小，直接影响着织物的穿着舒适性；吸湿性小的纤维不易吸收人体排出的汗液，常有闷热不适的感觉。

二、纤维素与碱的作用

（一）纤维素对碱的稳定性

印染厂常利用烧碱对棉织物进行处理和加工，如用稀碱液进行棉布的退浆和煮练、用浓碱液进行丝光，这说明纤维素对碱是很稳定的，当碱液的浓度和温度都较高［如c（NaOH）= 1.0mol/L氢氧化钠溶液、170℃］时，纤维素的降解作用十分剧烈和迅速。在高温和有空气存在时，纤维素对碱十分敏感。这是因为碱对空气中的氧与纤维素的氧化反应起了催化作用。因此，纤维素织物在染整过程中使用烧碱时，在高温、高浓度的条件下，应予以足够重视，特别注意避免带碱织物长时间与空气接触，以免纤维受损。

（二）浓碱与纤维素的作用原理

在常温下，浓氢氧化钠溶液会使天然纤维素膨大，纵向收缩，直径增大，如设法施加张力防止收缩，并及时洗除碱后，可使纤维获得丝一样的光泽，这就是丝光。在显微镜下观察丝光后的纤维，原有胞腔几乎消失，纵向由原来的扭曲扁平带状变为平滑圆状。用X射线进一步研究，发现晶格变化，结晶度下降，这说明棉纤维在浓碱作用下发生了剧烈溶胀，水仅能使纤维无定形部分分子间的结合力拆散，并使之发生溶胀；而浓碱液却能深入纤维晶区，部分克服晶体内的结合力，使晶格发生一定的溶胀和拆散，但是仍然不能克服晶体内的所有结合力，而使晶格发生无限溶胀。水洗后，经过这样巨大变化后的分子链不可能完全回复，使纤维的形态和聚集态结构产生了不可逆变化。因而，利用这种性能获取的纺织品整理效果持久。

碱与纤维素的作用原理，一般有两种解释。一种观点认为纤维素是一种弱酸，它与碱发生了类似中和反应生成醇钠化合物，可表示为：

$$Cell—OH+NaOH \longrightarrow Cell—ONa+H_2O$$

另一种观点认为碱和纤维素的羟基结合，形成分子化合物。它是以分子间力，特别是氢键结合而成，其反应式表示如下：

$$Cell—OH+NaOH \longrightarrow Cell—OH+NaOH$$

碱与纤维素作用后的产物叫碱纤维素，碱纤维素是一种不稳定的化合物，经过水洗后仍能回复原来纤维素的结构，但微结构发生变化，通常称它为纤维素Ⅱ，也称它为水化纤维素或丝光纤维素。天然纤维素称为纤维素Ⅰ。纤维素Ⅰ和纤维素Ⅱ称为同质异晶体。纤维素Ⅱ与纤维素Ⅰ相比，结晶度下降，无定形区增加，因而对染料的吸附能力及化学反应能力大提高，非常有利于染整加工。

三、纤维素与酸的作用

在染整加工中，有时会用酸来处理织物，如漂白后的酸洗等。用酸时，必须对酸的浓度、温度和处理时间加以严格控制，此外还必须将酸从织物上彻底洗净，否则便会引起纤维损伤，导致纤维强度降低。这是因为酸对纤维素分子中的苷键水解起催化作用，导致纤维素大分子聚合度降低，纤维受到损伤。因此，在实际生产中，了解酸与纤维素的作用原理及影响因素，严格控制以减少对纤维素的损伤是十分必要的。

（一）酸与纤维素的作用原理

纤维素大分子的1,4-苷键具有缩醛性质，对碱稳定，对酸敏感，酸对纤维中大分子中苷键的水解起催化作用，反应如图1-3-10所示。

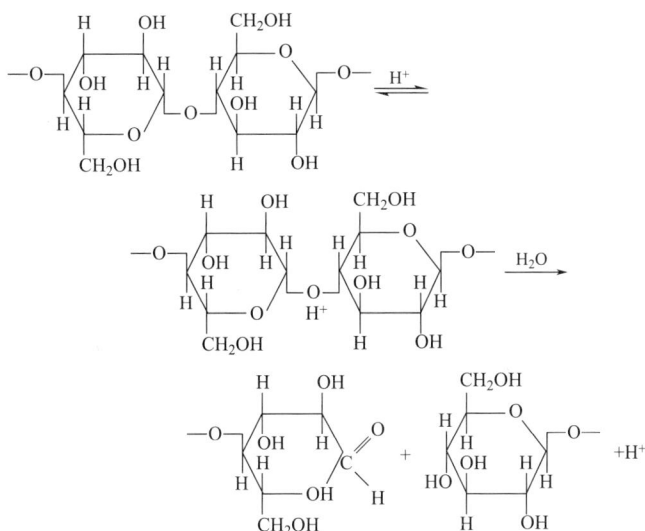

图1-3-10　酸与纤维素的作用原理

从上述水解反应可以看出，水解后在断链的一个葡萄糖基环上，形成半缩醛或醛基，出现还原性。随着苷键的水解，导致纤维素聚合度的降低和潜在醛基的增加，因此可以用测定纤维素的聚合度和还原性来判断纤维素受到酸损伤的程度。纤维素的还原性通常以碘值或铜值来测定。"碘值"是指1g干燥的纤维素能还原$c(1/2\ I_2)=0.1mol/L$碘液的毫升数。"铜值"是指100g干燥的纤维素将Cu^{2+}还原成Cu^+的克数。

纤维素在酸溶液中发生部分水解，形成分子聚合度不同的混合物，称为水解纤维素。水解纤维素的化学组成与原纤维素并无区别，只是聚合度降低，相对分子质量具有更大的分散性。水解纤维素若继续与酸作用，聚合度降至50左右，称为纤维素糊精。如果将所有的苷键彻底水解断裂，则产物是葡萄糖。

纤维素与酸的反应并不是均一的，首先发生在纤维的无定形部分和晶区表面。随着反应的加深，也可使晶区发生由表及里的反应，使纤维解体最后完全水解为葡萄糖。纤维素纤维在染整加工过程中，一般不会遭受到使纤维解体那样极度的水解作用，而仍然保持着纤维状态，但纤维强度会随着水解程度的加深而下降。

（二）影响纤维素酸性水解的因素

1. 酸的性质

酸性越强，催化能力越强，水解速率越快。强的无机酸，如硫酸、盐酸等，作用最为剧烈，磷酸较弱，硼酸更弱。有机酸即便是酸性较强的蚁酸、醋酸，其作用也比较缓和。

2. 水解反应温度

酸的浓度恒定，在20～100℃时，温度每提高10℃，纤维素水解速率可提高2～3倍。

3. 酸的浓度

图1-3-11是精制棉在不同浓度的盐酸中的水解情况。从图中可看出，酸的浓度越大，纤维素的水解程度越大，聚合度越小。同时，酸的浓度越大，纤维素的水解速率越快。在低浓度下，水解速率与酸的浓度几乎成正比。当酸的浓度较高时，纤维素的水解速率的增加比酸浓度的增大更快。

4. 作用时间

在其他条件相同的情况下，纤维素的水解速率与时间呈反比。

此外，纤维素的水解速率快慢还与纤维素的种类有关，如麻、棉、丝光棉、黏胶纤

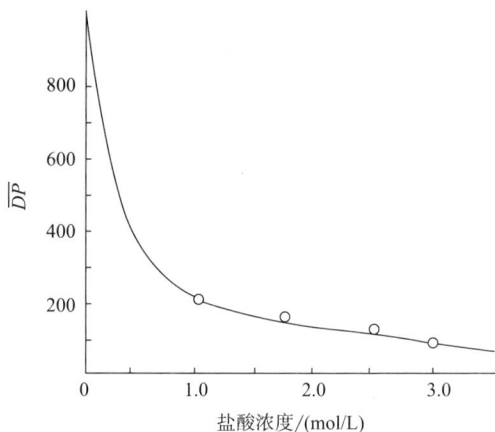

图1-3-11　精制棉的酸水解速率与酸浓度关系图

维的水解速率是依次增加的，这主要是因为它们的纤维结构中无定形部分是依次增加的。

综上所述，纤维素对酸是比较敏感的，但在适当条件下，还是有一定的稳定性，即使在使用强的无机酸时，若能适当控制条件，也不会引起纤维素严重的损伤。这种性质在实际生产中有很多应用，如氯漂后用稀硫酸脱氯、用酸中和织物的烂花产品等。但在生产中必须严格控制酸的浓度、温度及处理时间，一般选用稀酸，温度不宜超过50℃，织物必须充分洗去酸，特别应避免带酸干燥。

四、纤维素与氧化剂的作用

纤维素一般不受还原剂的影响，而氧化剂则能使纤维素氧化，纤维素被氧化后成为氧化纤维素，使纤维受到损伤。因此，在生产中应用NaClO、$NaClO_2$、H_2O_2等氧化剂对棉或涤/棉织物漂白时，必须严格控制工艺条件，以保证织物或纱线的应有强度。

（一）纤维素的氧化

纤维素的氧化作用主要发生在葡萄糖剩基的3个羟基和大分子末端的潜在醛基上。有些氧化只发生在葡萄糖剩基上，对纤维的损伤较小；而有些氧化可使分子链断裂，造成纤维素聚合度下降，对纤维的损伤较大。纤维素剧烈氧化的最终产物是二氧化碳和水。纤维素可能发生以下各基团的氧化。

（1）大分子基环中的伯羟基氧化成醛基。

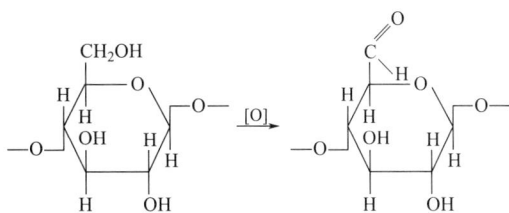

（2）大分子基环中的伯羟基氧化成羧基。

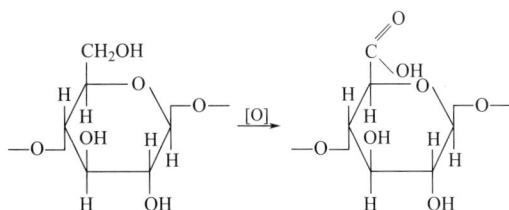

（3）大分子基环中的仲羟基氧化成羰基。

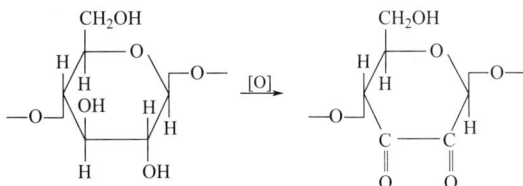

（4）大分子基环中的仲羟基氧化成醛基。

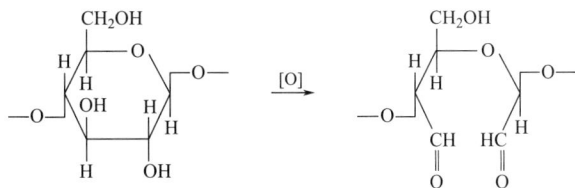

（5）大分子基环中的仲羟基氧化成羧基。

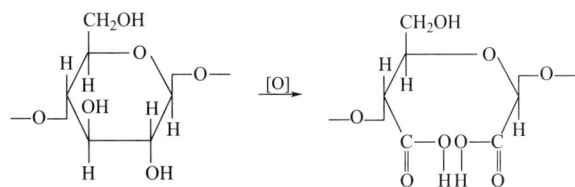

（6）大分子末端潜在醛基氧化成羧基。

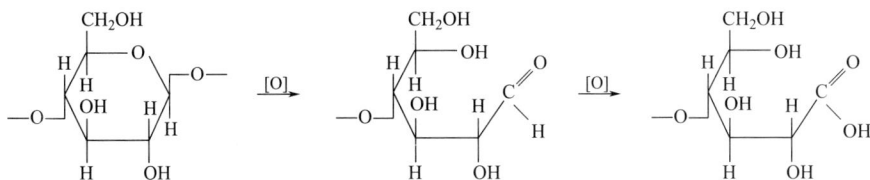

（二）氧化剂的种类

通常某种氧化剂与纤维素作用后的产物并不是单一的，而是多种氧化产物的混合物。

有些氧化剂只对纤维素某一位置上的基团进行氧化，称选择性氧化剂；而有些氧化剂可与纤维素不同位置上的基团发生氧化作用，其产物复杂多样，称为非选择性氧化剂。

1. 选择性氧化剂

（1）亚氯酸钠（$NaClO_2$）。亚氯酸钠只能选择氧化纤维素分子中的醛基成为羧基，而不影响羟基，也不会使分子链断裂。使用这种氧化剂作纤维素纤维的漂白剂，是非常安全可靠的。氧化的产物为上述第六种氧化产物。

由于ClO_2和HCl的放出，对环境造成污染，对设备具有腐蚀性。用$NaClO_2$成本较高，所以一般用于高档棉织物及涤棉混纺织物的漂白。

（2）高碘酸（HIO_4）。高碘酸能选择性地氧化纤维素分子上的羟基成为醛基，由于氧化后的产物具有潜在损伤，所以实际生产中避免使用。

2. 非选择性氧化剂

非选择性氧化剂种类较多，用于漂白的次氯酸钠（$NaClO$）、过氧化氢（H_2O_2）以及高锰酸钾（$KMnO_4$）、重铬酸钾（$K_2Cr_2O_7$）等均属于此类。它们对纤维素的氧化作用非常复杂。从微结构来看，绝大多数非选择性氧化作用是发生在纤维的无定形区和结晶区的表面。而有些选择性氧化剂，如HIO_4，都能进入结晶区，以致X射线衍射图像发生改变。

（三）氧化纤维素的性质

纤维在不同条件下氧化，可得到还原型和酸型两类氧化纤维素。还原型氧化纤维素指分子中含有大量醛基的氧化纤维素，而酸型纤维素则指分子中含有大量羧基的氧化纤维素。纤维素氧化后生成还原型氧化纤维素时，只是葡萄糖环发生破裂，并没有使纤维素大分子断裂，纤维的强度变化不大，但不稳定。试验证明，它经碱煮后强度下降非常大，这种现象称为潜在损伤。所谓潜在损伤，是由于纤维素基团因氧化而产生的醛基或羧基能使β碳原子的醚键对碱变得敏感而发生断裂，因为醛基、羧基均属负电性基团，具有强烈的吸电子性，形成诱导效应，α碳上的氢显酸性，在碱存在下很容易离解，这样α碳上的电子发生位移，在形成双键的同时发生β碳上醚键分裂。β分裂历程如下：

β分裂会造成大分子的断裂。当氧化的产物生成羧基时，诱导效应大大减小，且在碱性条件下羧基本身能电离出氢离子，所以不会造成大分子链断裂。使用$NaClO$漂白剂时应控制溶液的pH，在碱性条件下得到酸型氧化纤维素，减少还原型氧化纤维素，从而减轻氧化剂对纤维素的损伤。

为了判断纤维在漂白过程中受到的损伤程度，通常采用测定纤维或制品强度的方法。但是，纤维强度的降低，并不能反映纤维受到的全部损伤。如果测定碱煮后的强度，便能比较全面地反映问题。此外，也可通过测定纤维素铜氨溶液的黏度或铜乙二胺溶液黏度的变化来加以了解。因为强度高低与纤维素的聚合度之间存在着一定的关系，同时纤维素的铜氨溶液或铜乙二胺溶液的黏度能比较全面地反映纤维的受损程度，是一种良好的质量检验方法，但需要有一定的设备和比较熟练的技巧，而且费时。

纤维的氧化和水解有相似的地方，都主要发生在无定形区和结晶区的表面。但氧化纤维素与水解纤维素不同，其聚合度不一定降低，氧化纤维素与水解纤维素的性能比较见表1-3-7。

表1-3-7　水解纤维素与氧化纤维素的性能比较

纤维素类型			与正常纤维素结构比较	强度	铜氨溶液黏度	还原性（铜值）	碱中溶解度
正常纤维素			—	高	高	低	低
水解纤维素			相似	低	低	高	高
氧化纤维素	还原型	未经碱处理	不同	高	低	高	高
		经碱处理		低	低	高	高
	酸性型	未经碱处理		高	低	低	低
		经碱处理		较高	低	低	低

五、光、热对纤维素的作用

1. 光对纤维素的作用

纤维素在日光和大气的作用下，发生氧化和裂解反应。光对纤维素的破坏作用有两种类型，一种是在波长较短的紫外线照射下，直接引起C—C键、C—O键的断裂，称为光解作用，它与空气无关。

另一种是波长靠近紫外光及可见光区，同时有光敏剂、氧及水分的存在，使纤维发生光氧化，称为光敏作用。许多染料都是光敏剂，它能吸收入射光，而得到高的能量，又可把能量传给周围的空气和水分，使之生成臭氧和过氧化氢，它们会使纤维素氧化而破坏。纤维素的氧化程度与波长有关，波长越短所引起的破坏作用越大。在日光照射下，不同纤维的强度损伤50%所需要的时间见表1-3-8。

表1-3-8　在日光照射下，不同纤维的强度损伤50%所需要的时间

纤维	时间/h	纤维	时间/h
天然蚕丝	200	亚麻	999
黏胶丝	900	羊毛	1120
棉	940		

2. 热对纤维素的作用

纤维素的热稳定性较好，温度很高时，纤维素的稳定性下降。纤维素纤维苷键在100℃以下较为稳定，但随着温度的升高及作用时间的延长，纤维素发生明显的热退化现象，同时伴随发生纤维素的氧化及水解。在120～140℃处理4h，纤维素尚无显著变化，时间延长，纤维素发生解聚变黄。当有水分存在时，热退化及水解同时进行，聚合度降低更快。温度超过250℃，纤维素剧烈分解形成树胶状物，然后逐渐炭化形成石墨结构。纤维素在高温干馏时，除生成水和碳外，还有甲烷、乙烷、一氧化碳、二氧化碳、醋酸、丙酮等。

六、生物酶对纤维素的作用

纤维素易受细菌和霉菌的影响。细菌和霉菌均属于微生物，其分泌物称为酶。酶是一种由于其特异的活性能力而具有催化特性的蛋白质。在酶的作用下，许多生物化学反应过程可以在温和的条件下（如室温、常压）以很高的速率进行。酶是由数以百万计的氨基酸组成的大分子，很多酶经过几千次的卷曲折叠，成为一种高度复杂的三维结构。只有该分子的一小部分参与催化反应，这一部分称为活性中心。活性中心的形状与所需作用的底物形状相吻合才能被作用，就像钥匙与锁一样互相匹配。

在酶的作用下，纤维素易发生水解，生成较简单的糖，所以细菌和霉菌的破坏都能使纤维的强度受到严重破坏。潮湿是微生物最适宜的生长环境，一般相对湿度在75%～85%以上，纤维吸湿超过9%时，微生物生长最适宜，所以纤维素纤维应存放在较干燥的地方。

纤维素酶是能催化水解纤维素，生成葡萄糖的一组酶的总称。它主要包括三类性质不同的酶，即内切型-β-葡聚糖酶、外切型-β-葡聚糖酶和β-葡萄糖苷酶。

纤维素分子是由β-D-葡萄糖剩基彼此以1,4-苷键连接而成的直链高分子化合物。纤维素纤维包括棉、麻、黏胶纤维、铜氨纤维和天丝等，其结构都是由晶区和非晶区构成，结晶区的纤维素分子排列整齐，结构紧密，纤维素酶不易进入内部。在纤维素降解过程中，首先由内切酶作用于微纤维的非结晶区，使其露出许多末端供外切酶作用，产生纤维二糖，最后由β-葡萄糖苷酶作用将其分解成葡萄糖。

作为纺织工业用的纤维素酶，它不需要将棉纤维素分解成葡萄糖，而只要破坏棉纤维束分子间的氢键，松散棉纤维束的结构，或者部分降解纤维素分子长链，即可达到工艺要求。如使织物表面，特别是疏松部分的纤维素分子降解、水解和减量，织物便变得光滑整洁，手感柔软。但在酶处理过程中，纤维素织物的强度有所降低。由于降解作用是从非晶区开始的，如果酶处理控制适当，织物强度的损失可调节在合理范围内，对织物的服用性能影响很小。

不同种类的纤维素酶和外界条件（主要是温度、pH、时间等）将影响纤维素酶对纤维素作用效果。

纤维素酶作为一种高效生物催化剂，因其具有可降解性及对织物能产生可控的整理而广泛应用于纺织行业。其中，牛仔布的仿旧整理及纺织品的生物抛光是纤维素酶最成功的应用。

第四节　普通再生纤维素纤维

一、黏胶纤维

黏胶纤维（viscose fiber）属于再生纤维。它是以天然纤维为原料，经碱化、老化、黄化等工序制成可溶性纤维素磺酸醋，再溶于稀碱液制成黏胶，经湿法纺丝而成的。采用不同的纺丝工艺，可以分别得到普通黏胶纤维、高湿模量黏胶纤维和高强力黏胶纤维等。普通黏胶纤维具有一般的力学性能和化学性能，又分为棉型、毛型和长丝型，俗称人造棉、人造毛和人造丝。高湿模量黏胶纤维具有较高的聚合度、强力和湿模量，主要有富强纤维。高强力黏胶纤维具有较高的强力和耐疲劳性能。

（一）黏胶纤维的生产过程

制造黏胶纤维的主要过程是：制浆粕→制黏胶纺丝液→纺丝成型→纤维后处理。

1. 制浆粕

制浆粕就是提纯原料——纤维素，增强其化学反应性能，适当降低纤维素的聚合度，以适应纺丝要求。

制浆粕的方法是先将原料粉碎，进行碱或亚硫酸盐蒸煮，在此过程中原料发生膨化，结构变得松散，化学反应性增强并除去部分杂质，然后再进行打浆，NaCIO漂白，即可制成浆粕板。

2. 制黏胶纺丝液

先用17.5%的氢氧化钠溶液浸泡处理浆粕，制成中间原料——碱纤维素。碱纤维素再经压去余碱、粉碎、放置（"老化"），使碱纤维素的聚合度进一步降低，组成更加均匀。老化后的碱纤维素再与二硫化碳作用（黄化过程），生成纤维素黄原酸酯，能溶于4%~6%的稀碱溶液中，就可得到又黏又稠的黏胶溶液。维持一定的温度并放置一定时间，使之熟成。熟成后的黏胶纤维溶液经过滤和脱泡后便可进行纺丝。主要反应如下：

$$\text{Cell—OH} + \text{NaOH} \longrightarrow \text{Cell—ONa} + \text{H}_2\text{O}$$

碱纤维素

$$\text{Cell—ONa} + \text{CS}_2 \longrightarrow \text{Cell—O—}\overset{\overset{\text{S}}{\|}}{\underset{\underset{\text{SNa}}{|}}{\text{C}}}$$

纤维素黄原酸酯

3. 纺丝成型

黏胶纤维的纺丝成型，是以黏胶纺丝液通过纺丝头形成细流，这种细流在酸浴中凝固，分离出固体纤维素，使纤维素再生，反应如下：

$$\text{Cell—O—}\overset{\overset{\text{S}}{\|}}{\underset{\underset{\text{SNa}}{|}}{\text{C}}} + \text{H}_2\text{SO}_4 \longrightarrow \text{NaHSO}_4 + \text{CS}_2 + \text{Cell—OH}$$

再生纤维素

4. 纤维后处理

纺丝成型的黏胶纤维上带有酸、碱、硫黄、硫化氢、二硫化碳等物质，它们的存在会影响纤维的强度、手感、表面光泽以及染色效果等，所以需要进行包括水洗、脱硫、漂白、酸洗、水洗、上油、干燥等后处理。

（二）黏胶纤维的结构

黏胶纤维的基本组成物质和棉、麻一样都是纤维素，但聚合度较低，一般黏胶纤维的聚合度为250～500，而富强纤维的聚合度为550～650。此外，由于老化等过程的作用，黏胶纤维分子结构可能发生部分变化，含有较多的羧基和醛基。

在显微镜中观察黏胶纤维，其纵向形态一般为平直的圆柱体，横截面是不规则的锯齿形，如图1-3-12、图1-3-13所示。而富强纤维的横截面比较规则，几乎呈圆形，如图1-3-14所示。

图1-3-12　黏胶纤维的纵横向形态电子显微镜图

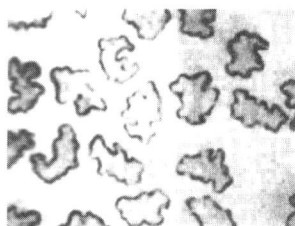

图1-3-13　普通黏胶纤维的横截面

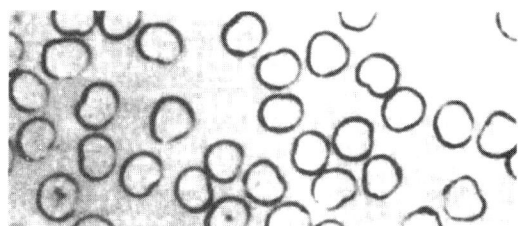

图1-3-14　富强纤维的横截面图

黏胶纤维的横截面结构是不均一的，其横截面的分层情况随纺丝浴组成的不同而不同，普通黏胶纤维的横截面从外向内存在渐进的皮层、芯层结构层次。皮层紧密，结晶度和取向度高；芯层结构比较疏松，结晶度和取向度较低。黏胶纤维的这种皮芯结构对其染色性能有很大的影响。

从聚集态结构来看，黏胶纤维的无定形区比棉纤维多，结晶区少。普通黏胶纤维的结晶度为30%～40%，但结晶区尺寸较小。普通黏胶纤维在电镜中一般观测不到原纤结构，它的组织情况比较接近于前面所讲的边缘（缨状）微胞结构。而富强纤维中有原纤存在，但不及天然纤维那样完整，有研究认为，黏胶纤维中具有折叠链结晶。

黏胶纤维的大分子取向度随生产中拉伸程度的增加而提高。如拉伸10%的纤维，螺旋角为34°；拉伸80%的纤维，螺旋角为25°；拉伸120%的纤维，螺旋角为16°。在聚合度一定的情况下，取向度越高纤维的强度越高。

（三）黏胶纤维的性能

黏胶纤维的基本组成物质和棉纤维一样，所以它的性能与棉基本相似。但由于黏胶纤维的聚合度较低，聚集态结构上又有不同，因而性能上有某些特点。

1. 力学性能

黏胶纤维的表面比棉纤维光滑，所以光泽比棉纤维好，甚至有耀眼的光泽。因此，常在纺丝前的黏胶液中加入TiO_2消光剂，制成无光或半无光纤维。

黏胶纤维的力学性能（如强度、耐磨性）较差，但因其无定形结构多且较为疏松，所以吸湿性好、上染率高、透气性好，穿着舒适，与合成纤维混纺可以取长补短，并改善织物的力学性质和服用性能。

普通黏胶纤维下水后的湿强度比干强度降低近一半左右，这是因为黏胶纤维的聚合度低，水分子进入无定形区，使分子间作用力进一步减小，易造成分子链相对滑移断裂之故。

2. 化学性能

黏胶纤维的结构疏松，有较多的孔隙和内表面积，暴露的羟基比棉多，因此化学性质比棉纤维活泼，对酸、碱、氧化剂都比较敏感。必须注意的是黏胶纤维对碱的稳定性比棉、丝光棉差很多，能在浓碱作用下剧烈膨化以致溶解，所以在染整加工中应尽量少用浓碱。

与棉纤维、丝光棉纤维相比，黏胶纤维有不同的物理结构。棉纤维属于天然纤维，丝光棉纤维属于未破坏生物形态的水化纤维素纤维，黏胶纤维则属于破坏了生物形态的水化纤维素纤维。黏胶纤维比丝光棉纤维具有更多的无定形区，更松散的结构，所以从吸湿量和吸附量来比较，其能力大小次序是：

黏胶纤维 ＞ 丝光棉纤维 ＞ 棉纤维

从染色性能来看，三种纤维在同样的染色条件下，所得色泽浓度的差别主要取决于纤维在染色过程中吸收染料的多少，即色泽浓度与吸着量呈正比。因此，黏胶纤维应具有更深的色泽。然而黏胶纤维存在皮层，外层结构紧密，影响了染料向黏胶纤维内部的扩散。如果染料分子的体积小，皮层的阻碍作用就不是主要因素，则上染速度快，染料分子在内层扩散迅速，分布均匀，三种纤维染着量及色泽浓度按下列次序排列：

黏胶纤维 ＞ 丝光棉纤维 ＞ 棉纤维

如果染料分子的体积较大，皮层的阻碍作用就突出，则上染速度就下降，染料分子在纤维内部扩散困难，不能均匀分布，这种影响是很明显的。在短时间（30min）内的染色和印花中，三种纤维的染着量及色泽浓度顺序为：

丝光棉纤维 ＞ 黏胶纤维 ＞ 棉纤维

当染色时间延长时，又会变成原来的排列顺序。

黏胶纤维不熔融，加热到150℃时就会分解，其耐光性能也比棉纤维差。

（四）富强纤维

富强纤维的组成和结构与普通黏胶纤维类似，但其聚合度较大，生产过程和普通黏胶纤维有些差别。这类纤维的粉碎过程是在低温下进行的，碱纤维素不经老化，即以大量的二硫化碳进行黄酯化，使其纤维素硫酸酯溶于纯水中制得黏胶，黏胶不经熟成，凝固浴的组成用酸、低盐或无盐，并在浴内进行纺丝拉伸。普通黏胶纤维和富强纤维的主要性能比较见表1-3-9。

表1-3-9　普通黏胶纤维和富强纤维的性能比较

指标		普通黏胶纤维	富强纤维
强度/（N/Tex）	干	0.13 ~ 0.25	0.32 ~ 0.35
	湿	0.06 ~ 0.14	0.22 ~ 0.35
断裂伸长率/%	干	15 ~ 30	7 ~ 11
	湿	20 ~ 35	8 ~ 5
回潮率/%		12 ~ 15	10 ~ 12
在水中溶胀性		高	低
耐碱性		低	高

二、铜氨纤维

铜氨纤维（cuprammonium）也是再生纤维素纤维。它是将棉短绒等天然纤维素原料溶解在氢氧化钠或碱性铜盐的浓氨溶液内，配成纺丝液，在水或稀碱溶液中纺丝成型，然后在2% ~ 3%硫酸的第二浴内使铜氨纤维素分解出再生纤维素。生产的水合纤维素经加工后即得到铜氨纤维。

铜氨纤维的横截面呈圆形，无皮芯层结构。纤维可承受高度拉伸，制得的单丝较细，一般在1.33dtex（1.2旦）以下，可达0.44dtex（0.4旦）。所以铜氨纤维手感柔软，光泽柔和，有真丝感。

铜氨纤维的吸湿性与黏胶纤维相近。在一般大气中，铜氨纤维体积回潮率可达到12% ~ 13%；在相同的染色条件下，铜氨纤维的染色亲和力较黏胶纤维大，颜色较深。铜氨纤维的干强与黏胶纤维相近，但湿强高于黏胶纤维，耐磨性优于黏胶纤维。浓硫酸和热稀酸能溶解，稀碱对其有轻微损伤，强碱则可使铜氨纤维膨胀直至溶解。铜氨纤维不溶于一般有机溶剂，而溶于铜氨溶液。

由于铜氨纤维细软，光泽适宜，常用作高档丝织物或针织物。但受原料的限制，且工艺复杂，因此产量较低。

三、醋酯纤维

醋酯纤维（acetate fiber）是以纤维素为原料，纤维素分子上的羟基（—OH）与醋酸作用生成醋酸纤维素酯，经干法或湿法纺丝制得的。根据羟基被乙酰化的程度，可分为二醋酯纤维和三醋酯纤维两种，二醋酯纤维中74%～92%的羟基被乙酰化，三醋酯纤维则至少有92%的羟基被乙酰化，通常所说的醋酯纤维是指二醋酯纤维。醋酯纤维的截面呈多瓣形，以片状或耳状为多，无皮芯结构。

醋酯纤维因纤维素的羟基被乙酰化，吸湿性比黏胶纤维等再生纤维素纤维差。在标准大气压下，二醋酯纤维的回潮率为6.5%，三醋酯纤维的回潮率为4.5%，这也给染色造成一定的困扰，醋酯纤维通常采用分散染料染色。

二醋酯纤维的强度比黏胶纤维低，干强为1.06～1.5cN/tex（1.2～1.7g/旦），湿强为0.6～0.7cN/tex（0.7～0.9g/旦）；三醋酯纤维的干强为0.97～1.14cN/tex（1.1～1.3g/旦），湿强下降。二者的断裂伸长率接近且比黏胶纤维大，干态约为25%，湿态约为35%。醋酯纤维的耐磨性较差。

醋酯纤维的模量低，较易变形，弹性较好，拉伸1.5%时，回复率为100%。并且醋酯纤维的密度比黏胶纤维小，二醋酯纤维为1.32g/cm³，三醋酯纤维1.3g/cm³，所以织物手感柔软，有弹性，悬垂性优良。

醋酯纤维对稀碱和稀酸具有一定的抵抗力，但浓碱会使其皂化分解，纤维在浓酸中会发生裂解。

醋酯纤维是热塑性纤维，二醋酯纤维在140～150℃开始变化，软化点为200～230℃，熔点为260～300℃。三醋酯纤维软化点可达260～300℃，所以醋酯纤维具有持久压烫整理性能。

醋酯纤维不易受水浸湿，不易沾污，洗涤容易，且手感柔软，弹性好，不易起皱，故可用于面料、衬里料、贴身女衣裤等，也可以与其他纤维交织，生产各种成品绸。

第五节　生态再生纤维素纤维

尽管传统再生纤维素纤维织物应用比较普遍，但由于其纤维强度小、弹性差、易起皱等缺点，大大影响了产品的性能和档次。并且传统再生纤维素纤维生产过程对环境有污染，这是因为传统的黏胶再生纤维素纤维的制造过程是用碱纤维素与二硫化碳反应产生纤维素黄原酸酯的制备工艺，对环境和人体都造成污染和毒害。

传统再生纤维素纤维的生产和应用逐步受到制约。而生态再生纤维素纤维（也称环保型、绿色再生纤维素纤维）的制备工艺是利用新型溶剂替代了二硫化碳，因此在纺丝溶液的制造过程中对人体无毒害，也减轻了对环境的污染。这一新工艺可以适用于传统工艺的所有设备。随着纺织技术的不断发展，各种绿色生态的再生纤维素纤维不断被开发。这类纤维既保持了纤维素纤维吸湿、透气、柔软、舒适的特点，又克服了天然纤维素纤维和传统再生纤维素纤维生产和使用过程中的诸多缺点，同时又具有一些新性能。有些品种逐渐被市场认可，形成规模生产。比较典型的有天丝、莫代尔（Modal）、竹纤维等。

天丝、竹纤维、Modal等均是再生纤维素纤维，它们的化学组成基本相同，化学纤维相近，其织物具有棉、绢类织物的服用舒适性和外观。而且由于生产竹纤维、Modal的原料丰富，成本低，产量不受限制，可作为棉、绢类织物的替代产品。

一、天丝

天丝即Lyocell纤维，是国际人造丝及合成纤维标准局为由有机溶剂纺丝法制得的纤维的命名，是在20世纪90年代开发的。英国考陶尔公司于1993年在美国生产该纤维，其商品名为Tencel，国内又将其称为"天丝"。

（一）天丝生产过程

天丝属于精制纤维素纤维，用溶剂纺丝法生产。天丝以NMMO（N-甲基吗啉-N-氧化物，又称为氧化胺）为溶剂，它是一种无毒、无腐蚀性的有机溶剂，在室温下为水合结晶体，含水率为13.3%的晶体最稳定，熔点为76℃。NMMO为环状结构，与纤维素结构相似，有利于纤维素的溶解。

NMMO溶解纤维的机理是：纤维素的羟基首先与胺氧化物之间形成较强的氢键，生成络合物，该络合物在过量NMMO中溶解。

NMMO将木浆粕溶解，再经纺丝和后处理得到天丝。由于其生产过程无污染，NMMO无毒，在制造过程中可回收，天丝在泥土中可以完全分解，符合环保要求，故天丝被称绿色纤维。天丝的生产工艺流程如图1-3-15所示。

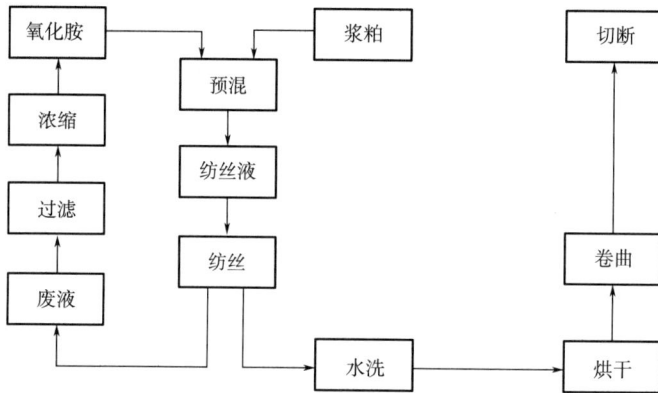

图1-3-15　天丝的生产工艺流程

（二）天丝的形态结构

如图1-3-16所示，天丝的横截面为匀圆形，具有皮芯结构。

根据天丝短纤维X射线衍射研究，天丝短纤维的晶胞结构属于单斜晶型中的纤维素Ⅱ结构，与黏胶纤维等再生纤维素纤维具有相同的晶胞类型。

由于木质纤维素原有的晶体未遭破坏，纺丝后形成含原纤明显的聚集态结构，天丝易产生原纤化。

天丝的聚合度为500～550，比黏胶纤维要高，有较高的结晶度和取向度，形成较大的晶粒，用X射线衍射法测得天丝的结晶度为63.9%，而普通黏胶纤维的结晶度为33%。天丝的晶粒尺寸大于黏胶纤维，晶粒的大小和形状对纤维的力学性能，特别是疲劳性能有重要的影响。粗大的结晶粒子能使纤维的弹性模量、刚性、脆性以及织物的尺寸稳定性提高，而使延伸度、抗疲劳强度和柔曲性下降。

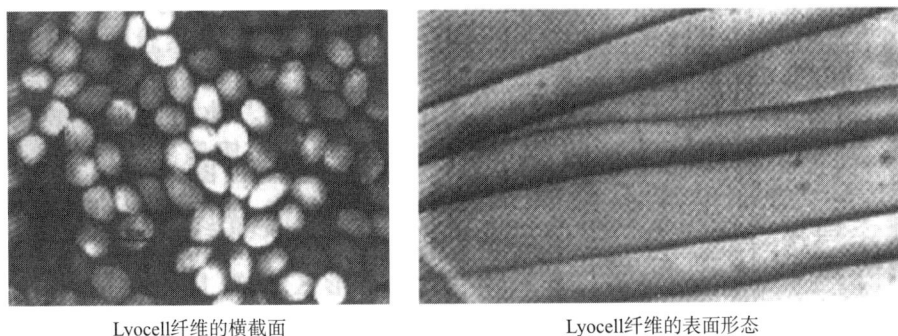

| Lyocell纤维的横截面 | Lyocell纤维的表面形态 |

图1-3-16　Lyocell纤维的纵横向形态

使用偏光显微镜应用萨那蒙补偿法测定纤维双折射率，天丝的双折射率为0.036～0.072，普通黏胶纤维为0.02，棉纤维为0.046，说明天丝具有较高的取向度。

（三）天丝的物理性能

天丝具有较高的强力。天丝的生产方法属于干喷湿纺法。它是在空气中喷丝，然后立即浸入水中凝固成丝，由于是在空气中牵伸，因此天丝取向度好，分子排列紧密程度比棉和黏胶纤维高许多，强度较高。由于天丝具有较高的结晶度，其干、湿强力都很大，干强远超过其他纤维素，与聚酯纤维接近。湿强约为干强的85%，是再生纤维素纤维中最好的。天丝、黏胶纤维等几种常见纤维的性能比较见表1-3-10。

表1-3-10　几种常见纤维的性能比较

物理性能	天丝	黏胶纤维	高湿模量黏胶纤维	棉	涤纶
线密度/dtex	1.7	1.7	1.7	—	1.7
干态强度/（cN/tex）	40～42	22～26	34～36	20～24	40～52
断裂伸长率/%	14～16	20～25	13～15	7～9	44～45
湿态强度/（cN/tex）	34～38	10～15	19～21	26～30	40～52
湿态伸长率/%	16～18	25～30	13～15	12～14	44～45
湿态模量（5%伸长）/（cN/tex）	270	50	110	100	—
回潮率/%	11.5	13	12.5	8	0.5

天丝具有较低的断裂伸长率。天丝的断裂伸长率干态为12%～15%，湿态为15%～17%。由于伸长率较低，织物经水洗后变形较小。几种纤维的负荷—伸长率曲线如图1-3-17所示。

天丝具有较高的初始模量及湿模量。同棉纤维一样，天丝在小负荷及中等负荷变形不大，使织物具有较高的尺寸稳定性，并且比较耐折皱。

（四）天丝的特性

天丝不仅具有天然纤维的特性，还有许多独特的优点，主要表现在以下几个方面。

（1）手感。天丝分子排列紧密程度比棉纤维和一般黏胶纤维大，拥有独特的柔软光滑手感。如配以不同的后整理加工，可获得手感效果，触感可由棉型变到毛型，尤其是可以通过酶整理获得特有的桃皮绒手感。

（2）悬垂性。天丝具有良好的吸湿性，润湿后纤维的直径大约增加40%。利用天丝的这种膨润特性，对其织物进行多次的润湿、干燥处理，可有效地产生纱线间孔隙，提升悬垂性和流动性。

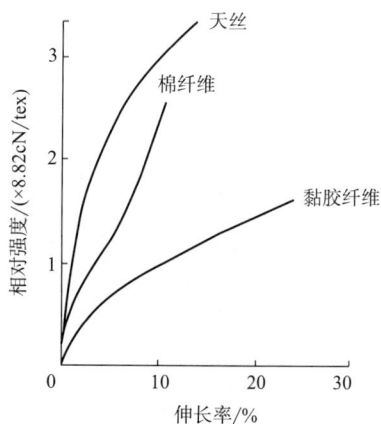

图1-3-17　几种纤维素纤维的负荷—伸长率曲线

（3）染色性。天丝的光泽好，染色性好，上染率高，无论是采用浸染还是轧染，染料均可深入纤维内部，透染性较好。

（4）原纤化。天丝具有原纤化倾向，纤维越易原纤化，越易起毛起球。这种原纤化特性一方面使产品具有不同风格手感；另一方面，在产品生产工艺流程中也带来问题，尤其是在后整理加工时。由于微原纤非常细，直径一般小于$1\sim4\mu m$，几乎是透明的，整理后的织物有泛白或霜白的效果；若是过度原纤化，则纤维会纠结在一起而导致外观起球。但通过酶处理，去除较长的原纤，进行二次原纤化，可得到独特的桃皮绒效果，产品丰满有弹力。

（5）稳定性。天丝的湿模量较高，在水中收缩率较低，其织物具有较好的洗涤稳定性。

（6）吸湿性。天丝的主要成分是纤维素，同棉纤维等天然纤维素纤维一样，具有良好的吸湿性和穿着舒适性。

（7）生物降解性。天丝是一种再生纤维素纤维，在自然界中可完全生物降解。

（五）天丝的化学稳定性

天丝的耐酸性、耐氧化还原性与天然纤维类似，在生产过程中，应尽量减小酸、碱及氧化剂等化学试剂对纤维的损伤。

天丝在室温下对酸较稳定，温度升高后，纤维耐酸性降低，纤维强度几乎没有改变。由于其对碱液的稳定性较高，使其与棉纤维的混纺织物能经受丝光处理。

（六）天丝的应用

天丝长度有棉型、毛型和中长型，线密度有粗有细，截面有圆形和异形。天丝与其他纤维（如棉、莫代尔或黏胶纤维）混纺，能开发出高附加值的机织和针织时装织物、休闲服织物等。此类面料有柔软悬垂、触感独特、飘逸动感、透气透湿、光泽柔和等特点。

二、莫代尔纤维

莫代尔（Modal）纤维是较早开发的生态再生纤维素纤维，出现于20世纪80年代。但由于当时价格高，性能没有被充分认识等原因，一直没有形成批量生产，直到20世纪末，由奥地利兰精（Lenzing）公司开发生产，是以中欧森林中的山毛榉木浆粕为原料制成的。

Modal是一种具有高湿模量的再生纤维素纤维，这种纤维是按照黏胶纤维纺丝工艺原理，用高质量的木浆和专门的机械及特殊的加工处理方法生产的。Modal属于改进的黏胶纤维，它具有更高的聚合度，纤维的耐用性提高。

由于Modal产品没有原纤化问题，其加工难度大大低于天丝产品，对印染和后处理设备没有特殊要求，能够加工棉纤维产品的设备都能对Modal产品进行加工。

（一）Modal的形态结构

Modal的横截面为锯齿形，纤维表面光滑，有皮芯层。Modal的结晶度为47.0%，取向因子为0.53。

（二）Modal的一般性能

Modal干、湿态下的伸长率、断裂功及断裂比功较接近，均较小，因此Modal织物较不耐用。

织物的免烫性也称洗可穿性，直接影响织物洗后的外观性。影响织物免烫性的主要因素是纤维的回潮率与干、湿态弹性回复率。回潮率较小且干、湿态弹性回复率大的纤维免烫性较好。竹纤维、Modal和黏胶纤维织物的免烫性、回潮率及干、湿态弹性回复率比较见表1-3-11。由表可知，Modal织物的免烫性较好。

表1-3-11　几种纤维的性能及其织物的免烫性

纤维种类	回潮率	干、湿态弹性	回复率（免烫性）
竹纤维	高	中	中
Modal	高	高	好
黏胶纤维	高	低	差

织物的抗皱性与纤维的弹性回复率有很密切的关系，弹性回复率高的纤维，织物的抗皱性较好。竹纤维、Modal和黏胶纤维的干、湿态弹性回复率比较见表1-3-12。从表中可以发现，竹纤维的湿态弹性回复率较干态大，而Modal与黏胶纤维一样，湿态下的弹性回复率较干态小得多。3种纤维中，Modal的弹性回复率最大，黏胶纤维最小。常见织物中，涤纶、锦纶、丙纶和羊毛纤维织物具有较好的抗皱性；而棉纤维、黏胶纤维和麻纤维织物的抗皱性均较差，尤其是黏胶纤维织物是所有服用织物中抗皱性最差的；竹纤维和Modal由于弹性回复率较黏胶纤维大，因此其织物的抗皱性较黏胶纤维好，尤其是Modal织物。

表1-3-12　竹纤维、Modal和黏胶纤维的弹性

项目	竹纤维		Modal		黏胶纤维	
	干	湿	干	湿	干	湿
总形变量/mm	1.58	1.58	1.58	1.58	1.58	1.58
急弹性形变/mm	0.946	0.959	1.03	0.88	0.828	0.747
总弹性形变/mm	1.103	1.141	1.287	1.116	0.998	0.892
塑性形变/mm	0.477	0.439	0.293	0.464	0.582	0.688
弹性回复率/%	69.81	72.22	81.08	70.63	63.16	56.46

注　测定温度30℃，相对湿度65%，定伸长率8%。

（三）Modal的特性

Modal除具有纤维素纤维的一般性能以外，还具有以下特性。

（1）Modal的平均聚合度高。

（2）Modal的原料来自大自然的木材，使用后可以自然降解。

（3）Modal的吸湿能力比棉纤维高出50%，这使Modal织物可保持干爽、透气，有利于人体的生理循环。

（4）Modal的湿态伸长率较小，水洗收缩率低。

（5）与棉纤维相比，Modal具有较好的形态与尺寸稳定性，织物具有天然的抗皱性。

（6）Modal具有良好的碱稳定性。

（7）Modal具有合成纤维的强度和韧性。

（8）Modal柔滑、光滑，是一种天然的丝光纤维，因而织物手感特别滑爽，布面光泽亮丽。

（9）Modal的染色性较好，吸色透彻，色牢度好，因此织物色彩鲜艳、亮丽。

（四）Modal的应用

Modal较多地应用于针织产品。Modal本身具有很好的柔软性和优良的吸湿性，但生产的织物挺括性不够，故目前大多用于内衣的生产。为了更好地发挥Modal的优点，常采用细旦Modal（1dtex左右）。由于Modal的线密度低，纤维柔软，毛细管作用显著，生产的产品悬垂性好、吸湿透气、表面细腻，具有良好的手感及外观。

为了改善纯Modal产品的挺括性和保型性较差的弱点，可以将其与其他纤维进行混纺、交织，以改善其性能，发挥不同纤维的特点，达到更佳的服用效果。目前比较常见的有Modal纯纺产品，Modal与棉纤维、涤纶、锦纶混纺或交织产品等。由于Modal具有良好的光泽、优良的可染性及染色后色泽鲜艳的特点，其应用正逐步扩展到机织行业，在外衣、装饰织物中也得到发展。

练 习 题

一、单项选择题

1. 下列物质中，属于棉纤维天然共生物的是（　　）。

A．葡萄糖　　　　B．丝胶　　　　C．果胶

2. 观察到一种纤维的纵向形态为扁平带状、稍有天然转曲，横截面形态为腰圆形，有中腔，这是下列的哪一种纤维（　　）。

A．黏胶　　　　　B．棉　　　　　C．苎麻

3. 下列纤维中（　　）是再生纤维素纤维。

A．锦纶　　　　　B．棉　　　　　C．Lyocell纤维

4. 棉纤维的纤维素主要存在于（　　）结构中。

A．次生胞壁　　　B．胞腔　　　　C．角质层

5. 纤维素大分子是由（　　）彼此以1,4-苷键连结而成的。

A．淀粉　　　　　B．葡萄糖　　　C．β-D-葡萄糖剩基

6. 波长为3000Å或更短的紫外光所具有的能量可直接使纤维素发生光降解，这种现象称为（　　）。

A．光敏作用　　　B．光解作用　　C．光合作用

7. 在常温下，浓氢氧化钠溶液会使天然纤维纵向收缩，直径增大，如设法施加张力防止收缩，并及时洗除碱后，可使纤维获得丝一般的光泽，这就是（　　）。

A．碱缩　　　　　B．丝光　　　　C．碱煮

8. 纤维素大分子对酸敏感，酸对纤维素大分子的1,4-苷键的水解起（　　）。

A．氧化作用　　　B．酸水解作用　C．催化作用

9. 测试机织物拉伸断裂强度的方法有（　　）。

A．单舌法　　　　B．抓样法　　　C．落锤法　　　　D．双缝法

10. 以下不属于再生蛋白质纤维的是（　　）。

A．牛奶纤维　　　B．大豆纤维　　C．黏胶纤维　　　D．玉米纤维

11. 长绒棉比细绒棉（　　）。

A．长而细　　　　B．长而粗　　　C．短而细　　　　D．短而粗

12. （　　）是高强低伸型纤维。

A．麻纤维　　　　B．羊毛纤维　　C．棉纤维　　　　D．丝

13. 棉混纺织物可用下列哪种试剂来做定量分析（　　）。

A．75%硫酸　　　B．丙酮　　　　C．80%甲酸　　　　D．二甲基甲酰胺

二、判断题（判断为正确打"√"，判断为错误打"×"）

1. 普通黏胶纤维截面是锯齿形，所以它是异形截面纤维。（　　）

2. 棉麻等天然纤维素纤维的强力随着回潮率的升高而上升。（　　）

3. 棉纤维的形态结构分为外层、次生胞壁和胞腔。（　　）

4. 在某种条件下，如果纤维素只发生基团的氧化和葡萄糖剩基的破裂，并未发生分子链的断裂，这时纤维的强度变化不大，这种现象称为纤维素受到损伤。（　　）

5. 再生纤维是指以天然的高聚物为原料，经化学和机械方法制成，化学组成与原高聚物基本相同的化学纤维。（　　）

三、计算题

1. 计算原棉含水率为10%时的回潮率。

2. 计算苎麻回潮率为14%时的含水率。

3. 某种纤维原长为20cm，在一定拉力下伸长到22cm，去除外力后，纤维长度为21cm，计算该纤维的形变回复率。

4. 比较甲、乙、丙纤维的相对强度，并排列顺序。

项目	甲纤维	乙纤维	丙纤维
细度	4tex	50公支	4tex
断裂强力	500cN	100N	500g

四、简答题

1. 棉纤维的湿强大于干强，而黏胶纤维的湿强小于干强。试用纤维的断裂机理分析这种现象。

2. 请设计一个试验方案，探索试验棉织物的耐酸碱性能。根据本章相关内容，使用织物拉伸断裂强度作为指标，考察纯棉平纹织物在不同酸碱浓度、温度、时间等条件下，其耐酸碱性能。

第四章　蛋白质纤维

蛋白质纤维（protein fiber）是指其基本组成物质为蛋白质的一类纤维，按其来源可分为天然蛋白质纤维和再生蛋白质纤维两类。蚕丝和羊毛均属于天然蛋白质纤维，它们在纺织原料中有重要地位。

第一节　蛋白质概述

一、蛋白质的化学组成及分子结构

（一）元素组成

蛋白质是相对分子质量很高的有机含氮高分子化合物，结构十分复杂。但组成蛋白质的元素种类并不多，主要为碳、氢、氧、氮等元素，有些还含有少量的硫、磷、铁、铜、锌和碘等元素。

（二）氨基酸组成

蛋白质完全水解的最终产物是氨基酸，因此蛋白质的基本组成单位是氨基酸。天然蛋白质中的氨基酸主要有20种左右，它们的共同特点是都属于α-氨基酸。可用如下通式表示：

$$H_2N—CH—COOH$$
$$|$$
$$R$$

存在于羊毛和蚕丝蛋白质中的各种氨基酸含量不同。各种α-氨基酸结构上的区别在于侧基R。乙氨酸是最简单的α-氨基酸，R只是氢原子，丙氨酸的R是甲基，其他α-氨基酸中R的结构都较复杂。不同蛋白质所含α-氨基酸的种类和数量有很大差别，造成了各种蛋白质结构和性质上的差异。

（三）分子结构

蛋白质的大分子可以看作是由α-氨基酸通过氨基与羧基之间的脱水缩合，以酰胺键连接而成的大分子：

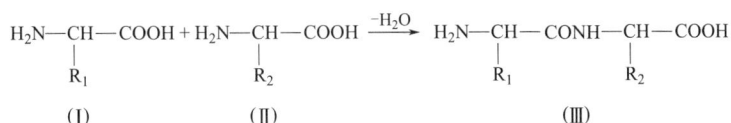

$$H_2N—CH—COOH + H_2N—CH—COOH \xrightarrow{-H_2O} H_2N—CH—CONH—CH—COOH$$
$$\quad\ |\qquad\qquad\qquad\quad |\qquad\qquad\qquad\qquad\qquad |\qquad\qquad\quad |$$
$$\quad R_1\qquad\qquad\qquad\quad R_2\qquad\qquad\qquad\qquad\qquad R_1\qquad\qquad R_2$$
$$\text{(I)}\qquad\qquad\qquad\qquad\text{(II)}\qquad\qquad\qquad\qquad\qquad\qquad\text{(III)}$$

蛋白质分子结构中的酰胺键称为肽键，由肽键连接的缩氨酸叫作肽，（Ⅲ）称为二肽，二肽继续与一个氨基酸分子缩合则成为三肽，以此类推可获得多肽。因此，可以将蛋白质分子看作是由大量氨基酸以一定顺序首尾连接所形成的多肽。多缩氨酸链（又称多肽链）是蛋白质分子的骨架，也称主链。天然蛋白质的多肽链多为开链结构，具有自由氨基端和自由羧基端。多肽链中的重复单元[—NH—CH(R)—CO—]称为氨基酸剩基。各氨基酸在构成蛋白质分子主链的同时，还形成了大分子的侧基R。

多肽链中的各种氨基酸是按照一定顺序连接的，而且随蛋白质种类的不同而不同。肽链中氨基酸的排列顺序，叫作蛋白质分子的初级结构。天然蛋白质的多肽链在空间按一定几何形态折叠卷曲的状态，称为蛋白质分子的空间构象，或称为高级结构。

（四）副键的作用

蛋白质大分子的主链分子间及同一分子内基团间的结合力相联系而形成复杂的空间构象。这些结合力统称为副键。它们有如下几种类型：

（1）氢键。氢键主要存在于肽键中的羧基和亚氨基之间。

$$\diagdown C = O \cdots H - N \diagup$$

（2）盐键（又称离子键）。盐键存在于大分子侧基的酸性基团和碱性基团之间。

$$O = C \diagdown \qquad \diagup N - H$$
$$CH(CH_2)_2COO^- \qquad H_3^+N(CH_2)_4CH$$
$$H - N \diagup \qquad \diagdown C = O$$

谷氨酸侧基　　　　　赖氨酸侧基

（3）二硫键。二硫键可存在于肽链之间或同一肽链之中，它属于共价键。

$$O = C \diagdown \qquad \diagup N - H$$
$$CH - CH_2 - S - S - CH_2 - CH$$
$$H - N \diagup \qquad \diagdown C = O$$

二、蛋白质的两性性质

蛋白质分子中除末端的氨基与羧基外，侧基上还含有许多酸性和碱性基团，所以蛋白质兼具酸和碱的性质，是典型的两性高分子电解质。在不同pH中，蛋白质可以发生如下变化。

$$H_3^+N - P - COOH \underset{H^+}{\overset{OH^-}{\rightleftharpoons}} H_2N - P - COOH \underset{H^+}{\overset{OH^-}{\rightleftharpoons}} H_2N - P - COO^-$$
$$H_3^+N - P - COO^-$$

其中P表示多肽链。从上式可知，这3种状态之间的关系是由溶液中[H⁺]决定的。调节溶液pH，使蛋白质分子上所带的正负电荷数量相等，这时溶液的pH称为该蛋白质的等电点。羊毛纤维的等电点为4.2～4.8，桑蚕丝的等电点为3.5～5.2。当蛋白质处于等电点时，表现出特殊的性质，如溶胀、溶解度、渗透压、电泳及电导率等都处于最低值。

蛋白质对酸或碱的结合量取决于蛋白质中碱性或酸性基团的数量、溶液的pH和离子总浓度等因素。当溶液的pH达到一定程度时，蛋白质才开始结合酸或碱，而在特定的pH时，结合量达到最高。例如，羊毛和桑蚕丝在盐酸溶液中，开始结合酸时的pH分别为5和3；在pH为1.3～1.8时，达到最大结合量；pH继续下降至0.8时，仍能保持这一最大结合量；但当溶液的pH由0.8继续下降时，会出现吸酸量突然增加的现象。这可能是由于溶液pH很低时，肽链中的亚氨基吸附H$^+$所致。每100g纤维在不同pH条件下吸收盐酸的物质的量见表1-4-1。

表1-4-1 每100g纤维吸收盐酸的物质的量

pH	羊毛	桑蚕丝
1.3 ~ 1.8	0.08 ~ 0.10	0.019 ~ 0.024
0.5	0.330	0.310
0.2	0.550	0.469

测定蛋白质的吸碱量是相当困难的。以羊毛蛋白质为例，当溶液的pH提高到10以上时，才开始明显地吸碱，而在强碱性溶液中，二硫键易被破坏，甚至发生多肽链的水解。丝素蛋白质比羊毛蛋白质更易被强碱破坏。

第二节 蚕丝

一、概述

蚕丝（silk）是高级纺织原料，它具有柔软、纤细、洁白、轻盈、光泽柔和、吸湿性好、弹性适中等特点。蚕丝包括家蚕丝（桑蚕丝，mulberry silk）和野蚕丝（柞蚕丝，tussah silk；蓖麻蚕丝）两种。目前，蚕丝中产量最高、应用最广的是桑蚕丝。养蚕术与蚕丝的利用起源于中国，公元前3世纪，我国曾以盛产丝绸而闻名于世，有"丝绸故乡"的美称。

蚕的生长可概括为4个阶段，即卵、幼虫、蛹、成虫（蛾），平常我们说的蚕就是指幼虫阶段，幼虫后期蚕吐丝作茧，蚕茧经过人工缫丝得到长丝，即为生丝，可直接用于织造。

丝绸织物手感光滑柔软，织纹细腻，色彩鲜艳，光泽柔和悦目，贴肤性好，透气吸湿，既飘逸又有悬垂感。

丝绸既有优秀的传统产品，又有各类新品种，分类方法很复杂。根据原料种类不同分为真丝绸、合纤绸、人丝绸、交织绸、柞丝绸等；根据染整工艺不同分为练白、染色、漂白、印花绸等；根据织物的组织结构和外观特征的不同将其分为纱、罗、绫、绸、缎、绡、绉、纺、锦、呢、葛等。常见的具体品种如下：

（一）电力纺

电力纺也称纺绸，是纺类品种中具有代表性的品种。经纬纱都不加捻，由生丝织造，经练染的织物。织物组织为平纹，原料通常为真丝。电力纺的质地平整细密，织物无正反之分，身骨比绸类轻薄，柔软飘逸，绸面光泽柔和。

（二）双绉

双绉是平经绉纬的薄型丝绸。经纱采用不加捻的蚕丝长丝纱，纬纱采用高捻蚕丝长丝纱，并以两根左捻和两根右捻的顺序交替织入，采用平纹组织，绸面的起绉是由于左右捻向交替织入纬纱，练漂后在退捻扭矩作用下形成了三维起拱的螺旋形态。双绉表面有均匀细致的凹凸皱纹，手感柔软，质地轻柔，悬垂性好，色光柔和。

（三）织锦缎、古香缎

织锦缎是由我国古代宋锦发展而成的，与古香缎一起并称为中国的"姐妹缎"。所用原料有：蚕丝与黏胶丝交织的熟织提花织物，有全部用黏胶长丝织成的织物，也有用真丝与锦纶长丝交织的织物等。组织是在缎纹地上起纬浮花，织物表面色彩丰富多变，背面呈现明显的彩色横条。织锦缎的表面光亮洁净，鲜艳夺目。图案大多采用具有民族特色的四季花卉、禽鸟动物和自然景物，现在也有用写意的几何图形等，造型精细活泼，为传统高档丝绸产品。

（四）乔其纱

乔其纱有人丝乔其和真丝乔其等，织物组织为平纹。经纬纱都采用强捻，经纱采用两根左捻和两根右捻反复排列，纬向也以两根左捻和两根右捻排列。精练整理后，其退捻扭矩使经纬纱之间方形孔隙被扭曲成不规则的三维纱孔。乔其纱的绸面呈现均匀细微的皱纹和明显的小纱孔，手感柔软滑爽，富有弹性，质地轻薄，透明飘逸，有悬垂性，抗皱，无正反面之分。

二、蚕丝的形成和形态结构

（一）桑蚕丝的形成和形态结构

蚕丝是蚕体内分泌出的丝液经吐丝口吐出后凝固而成的。蚕体内有泌丝部、储丝部、输丝管构成的完整的丝腺体。桑蚕丝腺体的构造如图1-4-1所示。

泌丝部分泌出的液体叫丝素（fibrain）（或丝质），输送到储丝部，储丝部可分泌出丝胶（sericin）和色素，黏于丝素周围，当进入输丝管时，管内分泌出酸性液体以使丝液慢慢凝固，输丝管在蚕的头部，丝素和丝胶汇合后经吐丝口排出，并将丝做适当拉伸，使丝素分子具有很高的取向性。

蚕依据自己的本能吐丝作茧。一只蚕茧分为3层，外层称为茧衣，中间层为茧层，内层为蛹衬。内、外层丝细而且脆弱，不能缫丝，可作绢纺原料。茧层的丝粗细均匀，占总丝的70%～80%。

在显微镜下观察桑蚕丝的横截面，可以证实一根蚕丝是由两根平行的单丝（丝素）外包丝胶而形成的，两根单丝的横截面像两个底边平行的三角形。桑蚕丝的横截面形态如图1-4-2

图1-4-1　桑蚕丝腺体示意图

1—泌丝部　2—储丝部　3—输丝部　4—吐丝口

所示。

茧层外部的丝呈钝三角形，内部的丝扁平。经脱胶后的蚕丝纵向呈现光滑表面。图1-4-3所示为脱胶后的蚕丝纵横向形态。

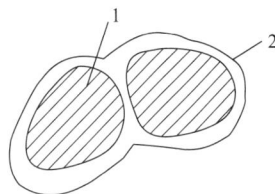

图1-4-2 桑蚕丝的横截面形态示意图
1—丝素 2—丝胶

（二）柞蚕丝的形成和形态结构

柞蚕丝腺体与桑蚕丝腺体作用相同，丝腺分前、中、后三部分，其差别在于，后部丝腺粗，越向前越细，最后在头部汇合，经吐丝口排出柞蚕丝。

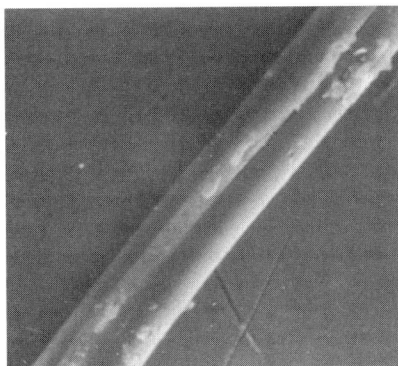

(a) 纵向形态

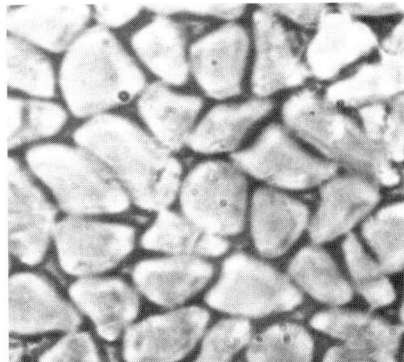

(b) 横截面形态

图1-4-3 脱胶后的蚕丝纵横向形态

柞蚕茧与桑蚕茧的区别在于，柞蚕茧个大，色深，呈黄褐色（并有茧柄以适应在树上缠绕）。柞蚕丝的横截面和纵向形态与桑蚕丝不同，横截面三角形更趋于狭长扁平，角锐，纵向有卷曲和条纹，单丝上面有毛细孔，内部孔较粗，外部较细。柞蚕丝横截面形态如图1-4-4所示。

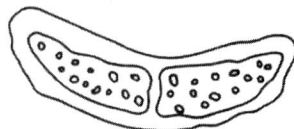

图1-4-4 柞蚕丝横截面形态示意图

各种蚕丝的组成中，除含丝素、丝胶主要成分外，还含有色素、蜡质、无机物等少量杂质，桑蚕丝与柞蚕丝的组成比例见表1-4-2。

表1-4-2 桑蚕丝与柞蚕丝的组成（%）

品种	丝素	丝胶	蜡质、色素	无机物（以灼烧残留灰分表示）
桑蚕丝	70～80	20～30	0.6～1.0	0.7～1.7
柞蚕丝	79.6～81.3	11.9～12.6	0.9～1.4	1.5～2.3

三、丝素的结构和性质

（一）丝素的组成和结构

生丝经过精练脱去丝胶成为熟丝，它只含丝素。丝素属于有机含氮高分子化合物。

丝素的基本单元结构是氨基酸，每一个大分子链平均含有400~500个氨基酸剩基。不同品种的蚕丝所含的氨基酸比例也不同，桑蚕丝丝素主要是由乙氨酸组成，其次是丙氨酸，乙氨酸、丙氨酸的和约占总量的70%。据研究表明，桑蚕丝素的分子链是由两部分连接而成的。一部分主要是由乙氨酸、丙氨酸和丝氨酸剩基组成，这些氨基酸的侧链较小，结构简单，链间整齐而排列紧密，形成许多氢键，组成晶区。

另一部分则含有侧链较大而复杂的剩基，如酪氨酸、麸氨酸（谷氨酸）和精氨酸等，支链的阻碍作用使结构中形成松散的无定形部位，并暴露出很多活泼基团。柞蚕丝素中主要的氨基酸是丙氨酸，同时有较多的带庞大支链的二氨基酸和二羧基酸，造成多缩氨酸分子链的弯曲，使结构更松散，这也是柞蚕丝的取向度和结晶度比柞蚕丝低，而弹性较高的原因。

丝素的分子链又称多肽链，含有许多酰胺基（—CONH—）结构，据X射线衍射研究发现，肽链在结晶区几乎是完全伸直的，侧链间距离为0.7nm，属于β构象。大分子主链中—CONH—反复出现，因而相邻大分子链间氢键数很多，氢键间距又很短（平均为0.17nm），使丝素分子间引力比一般天然纤维大。

丝素的微结构可用"边缘（缨状）原纤结构"模型表示。丝素的多肽链长约140nm，链整齐排列的部位形成结晶性原纤，链间有氢键连接，丝素的结晶原纤大小通常认为约50nm×5nm（宽×厚）。多肽链可以穿过一个结晶原纤进入无规则的松散的排列区，并有可能再参加到另一个原纤中，形成多肽链连续网状结构。据研究表明，丝素的无定形区的直径为1~10nm。无定形部位对丝素的性质起着真正的主导作用，化学反应、力学伸长、弹性都与这一部分紧密相关。

（二）丝素的性质

1. 吸湿性

丝素的吸湿性比较高，在标准状态下（20℃，相对湿度65%）丝素的吸湿率在9%以上，而含有丝胶的桑蚕丝吸湿率为10%~11%，柞蚕丝比桑蚕丝吸湿性好，丝胶比丝素的吸湿性更好。

丝素随相对湿度的提高，其吸湿量逐渐增加，在饱和湿度（相对湿度100%）下吸湿量可达30%。丝素的吸湿等温线与纤维素的吸湿等温线图形相仿，丝素也有吸湿滞后现象。

2. 耐热性

练熟后的丝（脱胶丝）有较高的耐热性，加热至100℃时，丝内的水分大量散失，但强度不受影响；在120℃时放置2h，丝内所含水分全部放出，成为无水分的干燥丝，伸长度略有减少，拉力尚无变化；在150℃处理30min以上，则丝内的油脂发散，丝素中的氨基酸开始分解，含氮物质减少，色泽发生变化，强度下降；温度高到170~180℃，丝纤维出现收缩、分解，开始炭化；250℃时处理15min，则丝纤维变成黑褐色；280℃时，丝纤维在短时间内即会冒烟，放出角质燃烧时的臭味。

柞蚕丝比桑蚕丝的耐热性好，如在140℃高温中处理30min，柞蚕丝的强度无明显降低，而桑蚕丝已开始分解。

丝的热传导性很低，因此它比棉、麻和羊毛的保暖性都好。

3. 膨化与溶解性

丝素吸收水分后发生膨化，并表现出各向异性，例如，在180℃水中丝素直径可增加16%～18%，而长度仅增加1.2%。丝素在水中只能溶胀，不能溶解，X射线衍射图像不发生变化，说明水只进到丝素的无定形区。

盐类对桑蚕丝素的膨化能力和溶解能力差异很大。在氯化钠和硝酸钠稀溶液中，丝素只发生有限溶胀；而在它们的浓溶液中，丝素就会发生无限溶胀而溶解。此外，氯化锌、硝酸镁以及锶、钡、锂的氯化物、溴化物、碘化物、硝酸盐、硫氰酸盐等浓溶液均可进入丝素的结晶区。丝素大分子间的交链很少，是以氢键和范德瓦耳斯力相互作用的，当结晶区被破坏后，分子之间便出现无限溶胀成为黏稠的溶液。不同盐类对丝素的作用能力有如下规律：

有些特殊的盐类还可以用作鉴别交织物中丝成分的溶剂以及测定丝素相对分子质量的溶剂。在相对分子质量测定时可用铜氨溶液、铜乙二胺溶液做溶剂。浓氯化锌的沸溶液、低温下的液态氨（−10℃以下）、室温下某些盐酸溶液均可溶解丝素。一般铁、铝、钙、铬等金属盐类对丝素的溶胀作用并不显著，但它们被丝素吸收，可以起到增加丝重的作用，因此这些金属盐可以用作丝的增重整理剂，增重后的丝强度有所降低，手感发硬。

柞蚕丝对盐类的抵抗作用比桑蚕丝强，在锌、钙、锂、镁的盐酸盐浓溶液及铜氨溶液中均难以溶解，这是因为柞蚕丝的丝素结构中支链较多，能保持一定程度的交联作用。

4. 耐酸性

丝素是两性物质，既含有酸性基（—COOH），又含有碱性基（—NH$_2$），可同时离解成为两性离子，而酸性略强。丝素的等电点为pH=3.5～5.2，在等电点以下，丝素能够结合一定量的酸而无损于多肽链，100g丝素可以结合0.019～0.024mol的盐酸，因此可以说桑蚕丝对酸具有一定的抵抗能力，抗酸性比棉纤维强，比羊毛差，是较耐酸的纤维之一。其耐酸的程度取决于酸的种类、浓度、温度、处理时间及电解质的种类和浓度。

有机酸不会使丝素脆损和溶解，稀溶液被丝吸收后，还能长期保存增加丝重并能增加丝的光泽和赋予丝鸣，其中以单宁酸的效果为最显著。若在有机酸溶液中高温煮沸，则丝纤维将会受到损伤，并失去光泽。

丝素对弱的无机酸（如磷酸、亚硫酸）比较稳定，而易溶解于盐酸、硫酸、硝酸等强酸溶液中，即使在较低温度下也能溶解。若酸的浓度适中，室温条件下浸酸1～2min立即水洗，丝的强度不受影响，而丝的长度可产生30%左右的强烈收缩，这种作用称为酸缩，常被用来制作皱纹丝织品。

酸浴中增添盐分或提高温度，均会增加酸对丝的损伤能力，如蚁酸中含有一定的氯化钙，室温下可使丝素溶解。由此可知，使用硬水进行丝的染整加工是非常不利的。

柞蚕丝对酸的抵抗能力比桑蚕丝强得多。例如，用相对密度为1.16的盐酸在室温下处理，桑蚕丝立即溶解，而柞蚕丝需要12h才缓缓溶解。

5. 耐碱性

丝素的耐碱能力很差，作用比较剧烈，但比羊毛的耐碱性要好，尤其在室温下，丝素对碱较为稳定。丝在碱液中能发生水解，碱在水解过程中起催化作用。丝的多缩氨分子链水解后生成多肽等产物，严重者水解成氨基酸，使铜氨溶液的黏度迅速下降。

碱的种类不同，对丝的水解催化能力也不同。氢氧化钠的催化作用最强，氨水、碳酸钠、碳酸钾作用较弱，碳酸氢钠、硼砂、硅酸钠、肥皂等弱碱性介质无损于丝素，只能水解丝胶，是生丝的精练剂。

碱液温度对丝素的水解影响很大，如10%的氢氧化钠溶液，若温度低于100℃时，其对丝素无明显损伤，若高于100℃，就能使丝素溶解，溶解的速率随着温度的提高而加快。

若碱液中存在中性盐，则其对丝素的破坏作用加剧。根据膜平衡原理，碱性介质中丝膜内体系的碱度小于丝纤维外的碱度。当有中性盐存在时，丝纤维内外的碱度趋于相等，对丝的损伤加剧，而且是随着中性盐浓度增加而增加的。

柞蚕丝素对碱的抵抗能力比桑蚕丝强，在沸腾的10%氢氧化钠溶液中，桑蚕丝仅需10min可溶解，而柞蚕丝要50min左右才能溶解。

6. 耐氧化剂和还原剂的性能

氧化剂容易使丝素分子中的肽链断裂，严重者可使丝全分解。所以在丝纤维漂白时要注意氧化剂的选择以及对其浓度、温度、pH、时间等条件控制。丝素在强氧化剂、高温、长时间作用下，逐渐分解生成氨基酸、尿素、水等。

含氯的氧化剂对丝素作用时，不仅有氧化作用，还伴随有氯化反应，所以破坏作用很大，生成氯胺类带色物质，达不到漂白目的。次氯酸钠的氧化反应如下：

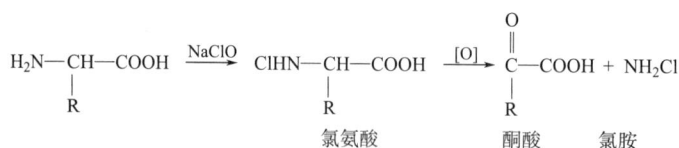

$$H_2N—CH—COOH \xrightarrow{NaClO} ClHN—CH—COOH \xrightarrow{[O]} C—COOH + NH_2Cl$$

氯氨酸   酮酸   氯胺

酮酸极不稳定，会进一步分解，使肽链断裂。因此，丝的漂白应避免使用含氯的氧化剂，生产上常采用过氧化氢与过氧化钠作为漂白剂。但也应注意，漂浴的pH越高，对丝素的损伤也越强烈。

柞蚕丝的抗氧化能力比桑蚕丝强，对$KMnO_4$和H_2O_2等氧化剂比较稳定，但在长时间条件下，同样是不稳定的。

一般还原剂对丝素的作用很弱，没有明显的损伤，常用还原剂对丝素进行漂白脱色，如保险粉、雕白粉、亚硫酸钠、亚硫酸氢钠等。但还原漂白的效果往往不如氧化漂白的效果持久。还原剂对丝纤维的作用很弱，在丝织物拔染印花中也有应用。

7. 耐光性

丝纤维是纺织纤维中耐光性最差的一种。这是因为丝素分子中含有芳香结构的氨基酸，受到日光照射时极易被氧化，使纤维无定形部分松开，延伸度降低。此外，含羟基氨基酸吸收紫外光后，也能使分子间的氢键断裂，降低纤维的强度。这种因为光的作用而引起纤维强度、延伸度降低的现象称为光敏脆化作用。光敏脆化作用被认为是在空气存在下，太阳光中波长233~325nm的紫外光的能量被纤维吸收而发生氧化的结果。表1-4-3为夏季光照和气候条件下，纤维发生脆化作用的情况。

表1-4-3　日晒对蚕丝强度和延伸度的影响（剩余值，%）

天数		10	20	40	60
强度	桑蚕丝	76	55	27	10
	柞蚕丝	80	65	34	23
延伸度	桑蚕丝	82	50	8	5
	柞蚕丝	68	71	25	10

有些物质对丝素的光氧化作用起催化作用，如铜盐、铁盐、锡盐、铝盐。铁盐的催化作用最强，这可能是由于金属离子易吸收能量并传给氧，使氧变成臭氧或激化状态，从而加速了纤维的氧化脆损作用。另外，有些物质对丝素的光氧化作用起阻碍及延缓的作用，如硫脲、硫氰酸铵、单宁、蚁酸盐等还原性物质，这些物质可首先被氧化，从而对丝纤维起到保护作用。

酸和碱的存在对丝纤维的光氧化速率有重大影响。当丝的pH=10.0时，显示出最大的稳定性；pH=1.0~2.0和pH=13.0时，稳定性最差。

丝纤维受光照会泛黄，若对纤维施以紫外线吸收剂以及硫脲或还原性的树脂处理，可使纤维免受氧化，不致脆化和泛黄。

四、丝胶的结构和性质

（一）丝胶的组成和结构

生丝中丝胶的含量随品种的不同而不同。一般桑蚕丝中丝胶占20%~30%，而柞蚕丝中丝胶约占12%。

丝胶中的元素组成与丝素略有差异，丝胶由碳、氢、氧、氮、硫5种元素组成。在元素含量上，丝胶与丝素相比，含碳量少，含氧量多，并增加了硫的成分，各种组分的含量也随品种的不同而异，其组成见表1-4-4。

表1-4-4 丝胶中各元素的含量

元素	含量	元素	含量
碳	44.32% ~ 46.29%	氮	16.44% ~ 18.30%
氢	5.72% ~ 6.42%	硫	0.15%
氧	30.35% ~ 32.50%		

丝胶是一种很容易变性的蛋白质，它的氨基酸组成与丝素相仿，但各氨基酸的含量有明显不同。丝胶中乙氨酸、丙氨酸的含量少而丝氨酸（含羟基）的含量很高，约占34%，苏氨酸（含羟基）约占9%，此外，二羟基和二氨基酸的含量都比丝素中的含量高。这些亲水性基团的存在增加了丝胶的吸湿性和水溶性。

关于丝胶结构状态的研究，最初有"A、B丝胶论"，认为丝胶A的溶解度大，在茧丝的最外层，内层是溶解度小的丝胶B，两层之间是AB混合层。又有人认为，茧丝的丝胶可分为4层（图1-4-5），分别称为丝胶Ⅰ、丝胶Ⅱ、丝胶Ⅲ、丝胶Ⅳ，由不同蛋白质组成，并以此顺序从外向内层状分布。

各层丝胶含量比例约为：Ⅰ∶Ⅱ∶（Ⅲ+Ⅳ）=4∶4∶2，其中丝胶Ⅲ的含量仅占3%，它们的溶解度顺序为：Ⅰ>Ⅱ>Ⅲ>Ⅳ。

据X射线衍射图像研究发现，最外层丝胶的分子排列基本是无定形状态，向内各层结晶度提高，且取向度增加，丝胶内分子的取向是与纤维轴近似垂直排列的。

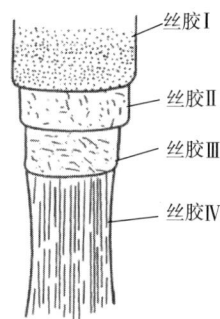

图1-4-5 丝胶结构模型图

（二）丝胶的性质

丝胶分子的支化程度比丝素高，支链的极性基团含量比较高，分子链的排列不够规整，分子间力较小，基于这些原因，丝胶的吸湿性比丝素高，也就是说，含有丝胶的生丝比脱胶后的熟丝吸湿性高。

丝胶在水溶液中强烈吸湿会发生膨化。一般在温度低于60℃时，水分子进入无定形部分，只出现有限的膨化；温度高于60℃，膨化作用剧烈，水分子部分进入结晶区，丝胶的溶解度迅速增加，但在100℃以下水中，只能做到部分脱胶，而且主要是丝胶A。在100℃沸水处理10min，约有40%的丝胶溶解，这是丝纤维表面层的丝胶被溶解，其后溶解速度变小，又溶解40% ~ 50%，这可能是中层的有一定结晶度和取向度的丝胶被溶解；最后的10%最难溶解，沸煮5 ~ 6h，才能达到完全脱胶，这是因为内层丝胶结晶度和取向度较高，造成水溶性降低的缘故。

丝胶一经膨化溶解，若再干燥则会引起丝胶分子的重排而发生重结晶，重结晶后的丝胶溶解性显著下降。再度脱胶时，必须在更严格的条件下才能完全脱去，这在制丝过程中应引起注意。

丝胶的水溶液具有一定的吸附染料、乳化油脂的能力。精练后的废丝胶液对酸性染料有吸附性。因此，丝胶的水溶液可用来作丝绸染色时的匀染剂。

丝胶和丝素、羊毛一样，具有两性性质，酸性略大于碱性，等电点为pH=3.9～4.3，其中丝胶A的等电点为3.9，丝胶B的等电点为4.3。丝胶也能结合一定量的酸或碱，但当溶液pH<2.5或pH>9时，多缩氨酸键可能受到水解作用，结晶区被拆散，丝胶的溶解度迅速增加，尤其在碱性溶液中作用更为剧烈。生产上常采用弱碱性溶液进行生丝脱胶，温度可降到95℃以下，在30min以内可达到全脱胶。

丝胶也具有保护胶体的性质，但是它的稳定性与pH有关，在等电点时最差，容易产生凝胶。在丝胶水溶液中加入少量盐，如硫酸铜、氧化铁等，也会使丝胶凝固。

丝胶不溶于酒精、丙酮、乙醚、苯等有机溶剂，但酒精、丙酮、单宁等会使丝胶液凝固。

柞蚕丝的丝胶含量比桑蚕丝少，它在水、酸、碱溶液中的溶解度也低，这是因为柞蚕丝的丝胶除分布在丝素的周围，还有一部分在丝素内部，再加上柞蚕丝中有微量的单宁存在，它可与丝胶化学结合，造成脱胶困难。

第三节 羊毛

一、概述

羊毛（wool）通常是指绵羊毛，它是纺织工业的重要原料。羊毛具有许多优良特性，如光泽柔和、手感柔软、富有弹性、不易沾污，吸湿性、保暖性及耐磨性优良。用羊毛可以制成各种精纺及粗纺的高级衣料，还可以制造工业用呢和各种装饰用品。

毛纺工业的原料除羊毛外，还有其他动物毛，主要有山羊绒、马海毛、兔毛、骆驼绒等。

从羊身上剪下的毛称为原毛，原毛中除含有羊毛纤维外，还含有羊脂、羊汗、泥沙、污物及草籽、草屑等杂质。羊毛纤维在原毛中的含量百分率称为净毛率。净毛率随羊毛的品种和羊的生长环境等有很大变化，一般在40%～70%。可见原毛不能直接用来纺织，必须经过选毛、开毛、洗毛、炭化等初步加工才能获得较为纯净的羊毛纤维。

用羊毛或特种动物毛为原料制成的织物、用羊毛与其他纤维混纺纱交织而成的织物或用化学纤维织成的仿毛织物称为毛型织物。毛织物因所用纱线及纺纱系统不同，产品风格也随之变化，通常分精纺毛织物和粗纺毛织物两大类。精纺毛织物的风格特点是呢面洁净、织纹路清晰、手感滑糯、富有弹性、光泽柔和，织物克重一般在100～380g/m^2。粗纺织物手感丰满厚实，织物克重一般在180～840g/m^2。下面列举几种常见毛型织物。

（1）华达呢。华达呢也称为新华呢、轧别丁，属精纺呢绒品种，为中厚型斜纹织物，呢面斜纹方向纹路比较陡，倾斜角为60°左右，纹道距离比较狭，纹路线凸出粗壮，身骨结实，呢面光洁平整，手感滑挺、丰厚、柔顺而富有弹性，耐磨性好。

（2）哔叽。哔叽是精纺呢绒的传统品种，斜纹组织。呢面织纹清晰，斜纹为倾角50°

左右的右斜纹，织纹与华达呢相似，但哔叽的经纬密度比较接近，纹路间隔距离宽，显得比较平坦，斜纹线不如华达呢的粗壮凸出，身骨不如华达呢紧密厚实。

（3）凡立丁。凡立丁是精纺呢绒中用单纱织造的薄型织物，经纬密度小，克重在240～340g/m²。毛纱细而捻度大，织物稀松但仍然保持滑爽挺括的风格，不起毛，织纹清晰，光泽自然柔和，手感滋润、不糙。

（4）法兰绒。法兰绒为粗纺呢绒类传统品种之一，产品是将一部分羊毛先染色后，渗进一定比例的原色羊毛，均匀混合后纺织成混色毛纱制织成的，夹花的呢面效果是它的独特风格。法兰绒呢坯经缩绒拉毛整理，织物表面有密密的绒毛覆盖，一般不露底；绒面丰满细腻，混色均匀，手感柔软而有弹性，身骨松软，保暖性好，穿着舒适。

（5）花呢。花呢是精纺呢绒中花色变化最多的品种，也是呢绒的主要品种。薄花呢经纬纱支细，重量轻，呢身活络，富有弹性，手感柔软滑爽，呢面细洁平整，不起毛，花纹清晰，花色雅致。厚花呢身骨紧密厚实，弹性好，手感丰厚柔软，不板硬，保暖性好。

二、羊毛的形态结构及分类

（一）羊毛的形态结构

在光学显微镜下观察可以看到，羊毛纤维的截面接近于圆形，纵向可观察到覆盖在毛干表面的鳞片。羊毛纤维在形态结构上可分为3部分，即鳞片层、皮质层和髓质层。其形态结构模型如图1-4-6所示。

（1）鳞片层。鳞片层是由片状角质细胞组成的，是羊毛纤维的外壳。鳞片如鱼鳞或瓦片相互重叠覆盖，其根部附着于毛干，而梢部则伸出毛干表面，并指向毛尖。各种羊毛的鳞片大小基本相近，但鳞片在毛干上覆盖的密度，却因羊毛的品种和粗细不同而有较大的差异，因此鳞片的可见高度和鳞片层的总厚度也不一样。一般细羊毛鳞片的可见高度低于粗羊毛，鳞片层的总厚度则较粗羊毛为大。

（2）皮质层。皮质层是羊毛纤维的主体，是决定羊毛力学和化学性能的主要部分，它是由纺锤形皮质细胞组成的。

羊毛纤维的皮质细胞主要有O皮质细胞（正皮质细胞）和P皮质细胞（偏皮质细胞）两种，它们在化学组成和某些性能上有一定的差异。O皮质细胞含硫量较P皮质细胞低，易于染色，对酶和一些化学试剂的反应活泼性也较高。在优良品种的细羊毛中，两种皮质细胞分别聚集在毛干的两半边，并且沿纤维轴向互相卷绕，O皮质细胞始终位于羊毛卷曲波形的外侧，而P皮质细胞则位于卷曲波形的内侧。O、P皮质细胞的双侧异构分布结构，简称双侧结构。如图1-4-7所示。

在某些粗长的羊毛纤维中，O皮质细胞较集中于毛干的中央，P皮质细胞呈环形分布于周围，这种羊毛很少甚至没有卷曲。

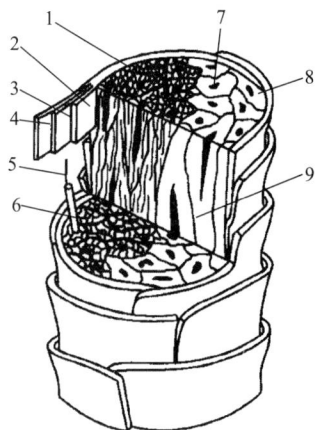

图1-4-6 细羊毛形态结构模型
1—正皮质 2—内表皮层 3—次外表皮层 4—鳞片外表皮层 5—原纤 6—微原纤 7—细胞核残余 8—偏皮质 9—细胞膜和胞间物质

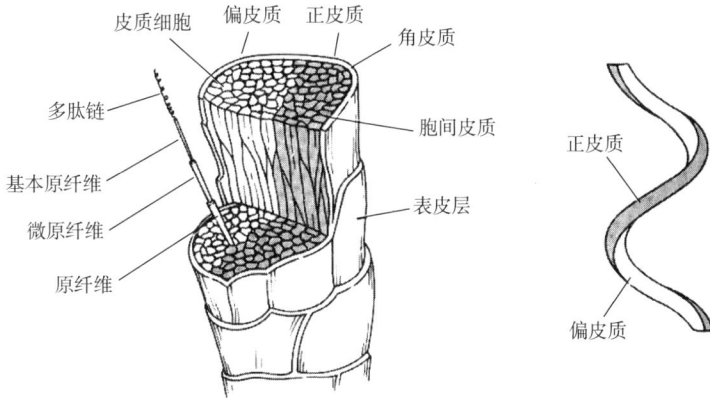

图1-4-7 双侧结构示意图

（3）髓质层。髓质层是由结构疏松、内部充有空气的薄膜细胞组成的。细胞之间的联系很弱，因此含髓质多的羊毛的弹性和强度都较低。不同类型羊毛的髓质层形状如图1-4-8所示。

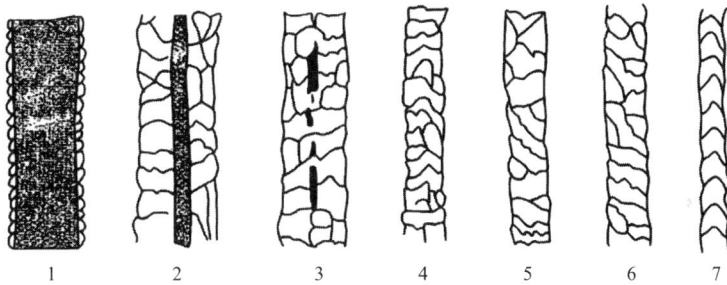

图1-4-8 各种形状髓质层示意图

1—死毛的髓质层 2—有髓毛的髓质层 3—两型毛的髓质层 4，5，6，7—无髓毛

（二）羊毛的分类

羊毛按形态结构的特点，主要可分为细绒毛、粗毛、两型毛和死毛等。

（1）细绒毛。细绒毛的直径在30μm以下，无髓质层，鳞片密度较大，纤维较短，卷曲多，光泽柔和。它具有良好的纺织性能，是最有价值的毛纺原料。

（2）粗毛。粗毛的直径在52.5μm以上，有连续的髓质层，外形粗长，卷曲少，光泽好。近年来工业上规定，凡羊毛中髓质层连续长度达25mm以上，宽度超过羊毛纤维直径1/3以上的叫腔毛。粗毛和腔毛的可纺性较差。

（3）两型毛。两型毛又称中间毛或过渡毛，直径在30～52.5μm，有断续的髓质层，粗细差异较大，粗的部分似粗毛，细的部分犹如细绒毛。我国没有完全改良好的羊种，羊毛多属这种类型。

（4）死毛。除鳞片层外，死毛几乎全为髓质层，强度和弹性很差，呈枯白色，没有光泽，也不易染色，没有纺织价值。

三、羊毛的化学组成与分子结构

（一）羊毛的化学组成

在羊毛纤维的元素组成中，除碳、氢、氧、氮之外，还含有一定量的硫，各元素的含量因羊毛的品种、饲养条件、羊体的部位等不同而不同，其中以含硫量的变化量最为明显。

分析结果表明，羊毛的细度不同，含硫量不同，随羊毛直径增大含硫量减少。在一根羊毛中，鳞片层含硫量最高，皮质层次之，髓质层最低。皮质层中，P皮质细胞的含硫量高于O皮质细胞。

在羊毛蛋白质的氨基酸组成中，二羧基氨基酸和二氨基氨基酸的含量较高，其次是含硫氨基酸，尤其是脱氨酸的含量很高。因此，在羊毛蛋白的肽链之间和同一肽链之中，除氢键外，还存在较多的盐键和二硫键。

（二）羊毛的分子结构

如前所述，蛋白质大分子是由大量的 α-氨基酸以一定顺序首尾连接而形成的多肽。多肽链中氨基酸排列顺序的研究虽然已经取得了很大进展，但还远未弄清楚。

羊毛蛋白质分子链的空间构象是比较复杂的，根据分析资料可以肯定，在羊毛蛋白质的分子链中具有 α-螺旋构象，如图1-4-9所示。

α-螺旋构象中的多肽链如同沿着圆柱体的表面呈螺旋形卷绕。多肽链每卷绕一圈，就间隔3.6个氨基酸剩基，每个氨基酸剩基在轴向的垂直距离为0.15nm。

进一步的研究发现，并不是所有羊毛蛋白质的分子链都呈螺旋构象，它只存在于约50%的低硫蛋白的多肽链中，高硫蛋白的多肽链是无规则卷曲的。

羊毛在有水分存在下拉伸，当伸长率达到20%以上时，肽链的螺旋构象开始转变；当伸长率达到35%时，肽链的螺旋构象转变明显；当伸长率达到70%时，肽链的螺旋构象完全转为 β 构象（肽链的伸直状态构象）。放松后，肽链的构象发生可逆的变化，最后回复到 α 构象。在拉伸状态下，如能在多肽链之间建立起新的稳定交联键，则有阻止肽链的构象回复的作用，使羊毛纤维较长久地保持在伸长后的状态。

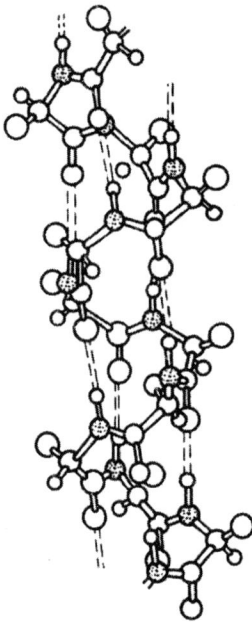

○:H ○:C=O ⊕:N ○:R ===:氢键

图1-4-9 α-螺旋构象示意图

四、羊毛的超分子结构

前已述及，羊毛纤维的主体是由皮质细胞组成的皮质层。皮质细胞中含有高硫及低硫两种蛋白质，前者是基质的主要成分，其分子链呈无定形卷曲；后者的分子链具有螺旋结构，在皮质细胞中组成基原纤（protofibril）。基原纤再组成微原纤，微原纤则进一步组成原纤。各种原纤都包埋在基质中，原纤与基质间可通过二硫键相连。有研究资料指出，正皮质细胞中原纤的直径约为$0.2\mu m$，微原纤的直径为7.5nm（75Å），基原纤的直径约为2nm（20Å）。

基原纤的结构目前尚不十分清楚，但一般认为是如图1-4-10所示的状态。基原纤是由3根具有螺旋结构的低硫蛋白质的多肽链如绳索状相互黏合而成的，多肽链间有交联键连接，较稳定。11根基原纤较规整地排列在一起而组成微原纤。

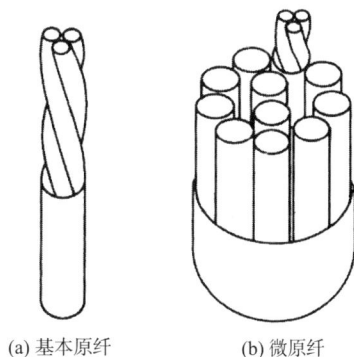

(a) 基本原纤 (b) 微原纤

图1-4-10　基原纤和微原纤结构模型示意图

五、羊毛的主要力学性能

（一）羊毛的拉伸与回复性能

图1-4-11是几种纤维的拉伸曲线的对比。将羊毛纤维的拉伸曲线与其他纤维相比可以看出，羊毛的断裂强度不高，但断裂伸长率比其他纤维都高，所以断裂功较大。羊毛纤维在很小应力作用下，即时产生较大的形变，尤其在超过屈服应力时更是如此。

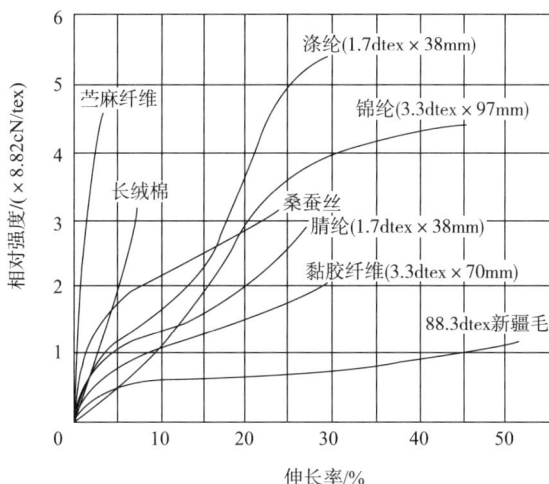

图1-4-11　几种纤维拉伸曲线的对比

湿度和温度对羊毛纤维的拉伸性能有一定影响。相对湿度增加时，羊毛的初始模量、屈服应力、断裂强度都降低，而断裂伸长率有较大幅度增加。湿的羊毛随温度升高，屈服应力和断裂强度皆明显下降，而断裂伸长率有所增加。

羊毛从拉伸形变中回复的性能比较突出，一般条件下仅次于锦纶，而优于其他纺织纤维，特别是在低形变量时，羊毛的回复性能更好。由于羊毛具有优良的弹性，所以羊毛织物穿着挺括、不易起皱。

羊毛的拉伸和回复性与其分子结构和聚集态结构有关。羊毛的多肽链是卷曲的，并具有螺旋构象，肽链之间存在着各种副键，包括共价的二硫键，当受到外力拉伸时，螺旋状的 α 构象可以转变成伸直的 β 构象，肽链之间的交联键能阻止分子链之间的相对滑移，所以羊毛既具有较大的延伸性能，又具有良好的回复性能。

（二）羊毛的可塑性

羊毛在加工过程中常受到拉伸、卷曲、扭转等各种外力作用，使纤维改变原来的形态。由于羊毛具有良好的弹性，它力图回复到原来的形态，因此在纤维内部产生了各种应力，这种内应力需要在相当长的时间内逐渐衰减直至消除，它常给羊毛制品的加工造成困难，这也是羊毛制品在加工和使用过程中尺寸和形态不稳定的因素之一。羊毛的可塑性是指羊毛在湿热条件下，可使其内应力迅速衰减，并可按外力作用改变现有的形态，再经冷却或烘干使形态保持下来的性质。

羊毛的可塑性是与其多肽链构象的变化以及肽链间副键的拆散和重建密切相关的。将受到拉伸应力作用的羊毛纤维在热水或蒸汽中处理很短时间，然后除去外力并在蒸汽中任其收缩，纤维能够收缩到比原来的长度还短，这种现象称为"过缩"。产生这种现象的原因是，外力和湿、热的作用使肽链的构象发生变化，原来的副键被拆散，但因处理时间很短，尚未在新的位置上建立起新的副键，多肽链可以自由收缩，故产生过缩。

若将受有拉伸应力作用的羊毛纤维在热水或蒸汽中处理稍长时间，除去外力后纤维并不回复到原来的长度，但在更高的温度下处理，纤维仍可收缩，这种现象称为"暂定"。产生这种现象的原因是副键被拆散后，新的位置上尚未全部建立起新的副键而结合得还不够稳固，因此只能使形态暂时稳定，遇到适当的条件仍可回缩。如果将伸长的羊毛纤维在热水或蒸汽中处理更长时间（如 1~2h），则外力去除后，即使再经蒸汽处理，也仅能使纤维稍微收缩，这种现象称为"永定"。这是由于处理间较长，副键被拆散后，在新的位置上又建立起新的、稳固的副键，使多肽链的构象稳定下来，而能阻止羊毛纤维从形变中回复原状，所以产生"永定"。

羊毛织物的定形就是利用羊毛纤维的可塑性，将毛织物在一定的温度、湿度及外力作用下处理一定时间，通过肽链间副键的拆散和重建，使其获得稳定的尺寸和形态。毛织物在染整加工过程中的煮呢、蒸呢、电压和定幅烘燥等都具有定形作用。它们的定形作用究竟是"暂定"还是"永定"，要看定形的条件和效果，两者并没有截然的界限。

毛料服装的熨烫也是利用羊毛的可塑性，在加热和压力作用下，服装变得平整无皱，形成的褶裥也可保持较长时间。

（三）羊毛的毡缩性

羊毛在湿、热条件下经外力的反复作用，纤维之间互相穿插纠缠，纤维集合体逐渐收缩得紧密，这种性能称为羊毛的毡缩性。在天然纺织纤维中只有羊毛具有这一特性。毛纺织物生产中利用羊毛的这一特性，将毛织物在湿热状态下经机械力的反复作用。

纤维互相穿插纠缠，使织物的长度和幅宽收缩，厚度增加，表面露出一层绒毛，可收到外观优美、手感柔厚丰满和保暖性较好等效果。这一加工工艺称为缩绒或缩呢。

羊毛的毡缩性主要是由于羊毛的表面有鳞片结构，纤维移动时，顺鳞片方向和逆鳞片方向的摩擦系数不同（两者之差称为定向摩擦效应），在反复的外力作用下，每根纤维都带着与它纠缠在一起的纤维向着毛根的指向缓缓蠕动，而使纤维紧密纠缠黏合。此外，羊毛的高度拉伸回复性能以及羊毛纤维具有的稳定卷曲也是促进羊毛毡缩的因素。

六、羊毛的主要化学性能

（一）水对羊毛的作用

羊毛具有良好的吸湿性，在相对湿度为60%～80%的条件下，其回潮率可达14%～18%，高于其他纺织纤维。

羊毛在吸湿的同时，发生各向异性的溶胀，长度增加不多，而截面积增加很多。一般的吸湿溶胀并不引起羊毛分子结构的变化，但在较激烈的条件下，水也能与羊毛发生化学反应，主要使蛋白质大分子的肽键水解，导致纤维失重和力学性能的恶化。例如，在80℃以下的水中，羊毛受的影响较小，短时间汽蒸（100℃）也无严重损害，随着处理温度的提高和时间的延长，损伤也加重，水温高至200℃，羊毛几乎完全溶解。羊毛经沸水或蒸汽处理，肽链之间的二硫键也可能遭到破坏。反应如下：

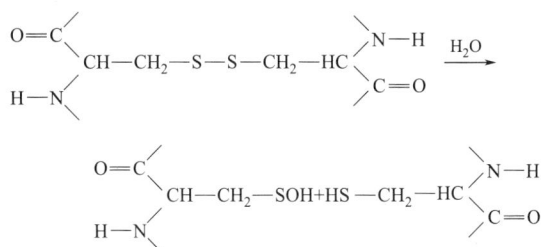

生成的—CH_2SOH基团是不稳定的，它可释放出H_2S，而本身变为为醛基。反应如下：

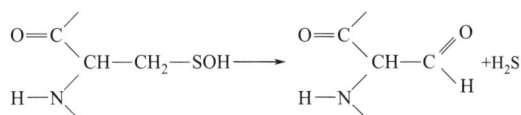

—CH_2SOH还可以和邻近肽链的氨基反应，生成新的共价交联键。反应如下：

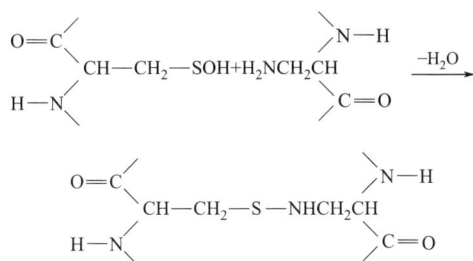

所以羊毛在沸水中处理时，随处理时间的延长，纤维中硫的含量及胱氨酸含量会逐渐降低。

（二）酸对羊毛的作用

羊毛对酸的作用比较稳定，属于耐酸性较好的纤维。因此可以用强酸性染料在pH=2~4的染浴中沸染，还可以用硫酸进行炭化，以去除原毛中的草籽、草屑等植物性杂质。

酸对羊毛纤维并不是完全没有破坏作用，酸可以抑制羧基电离并与游离的氨基结合，从而拆散肽链之间的盐键，使纤维的强度降低。随着酸的作用条件不同，蛋白质大分子中的肽键也受到不同程度的水解。例如，羊毛在c（HCl）=1mol/L盐酸中80℃下处理不同时间，纤维所发生的变化见表1-4-5。纤维水解的程度与酸的种类有关，并随酸的浓度、作用温度、作用时间及电解质总浓度的增加而加剧。

表1-4-5　羊毛在c（HCl）=1mol/L盐酸中80℃下处理不同时间所发生的变化

处理时间/h	0	1	2	4	8
含氮量/%	16.5	15.4	16.0	15.1	14.8
脱氨酸含量/%	11.2	12.1	12.9	12.5	12.4
结合酸的能力/（mg/100g）	0.82	0.88	0.95	1.03	1.12
肽键的水解/%	0.00	0.92	2.58	4.74	36.70
纤维的溶解/%		0.3	3.6	18.1	52.6
强度（以原来纤维干强的百分数表示）/%	100	83	75	51	4
强度（以原来纤维湿强的百分数表示）/%	100	78	49	10	5

（三）碱对羊毛的作用

碱对羊毛具有较大的破坏作用，它不仅能拆散肽链之间的盐键，还能催化大分子主链上肽键的水解。影响水解作用的主要因素是碱的种类和浓度、作用温度和时间以及电解质的总浓度等。在其他条件相同时，氢氧化钠的作用最为强烈，而碳酸钠、磷酸钠、硅酸钠、氢氧化铵及肥皂等弱碱性物质对羊毛的作用较为缓和。

羊毛在不同浓度的氢氧化钠溶液中处理1h，以及羊毛在c（NaOH）=0.065mol/L的氢氧化钠溶液中处理不同时间，羊毛的溶解百分率如图1-4-12和图1-4-13所示。

从图1-4-12和图1-4-13中可以看出，羊毛在氢氧化钠溶液中，随着碱液浓度增加及作用时间延长，溶解率也随之增加。在相同的处理条件下，受损伤的羊毛在碱液中的溶解百分率比正常的羊毛大，故可用羊毛在碱液中的溶解百分率测定羊毛受损伤的程度。

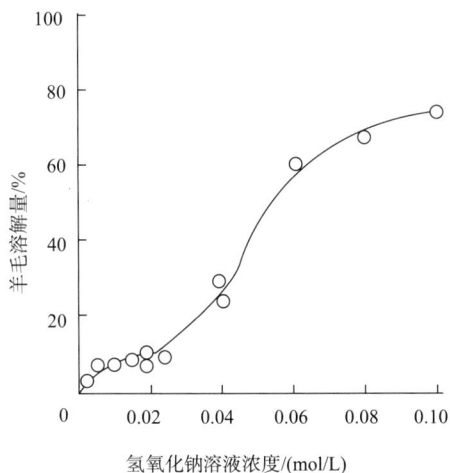

图1-4-12　羊毛在不同浓度的氢氧化钠溶液中处理1h的溶解百分率（处理条件100℃）

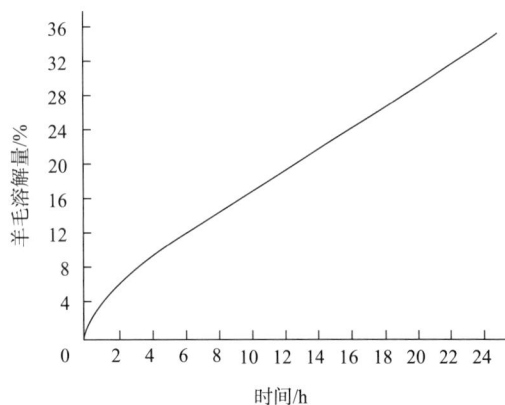

图1-4-13　羊毛在c（NaOH）=0.065mol/L的氢氧化钠溶液中处理不同时间后的溶解百分率（处理条件65℃）

此外，碱还能促进羊毛中二硫键的分解和新交联键的建立，可用如下反应式表示：

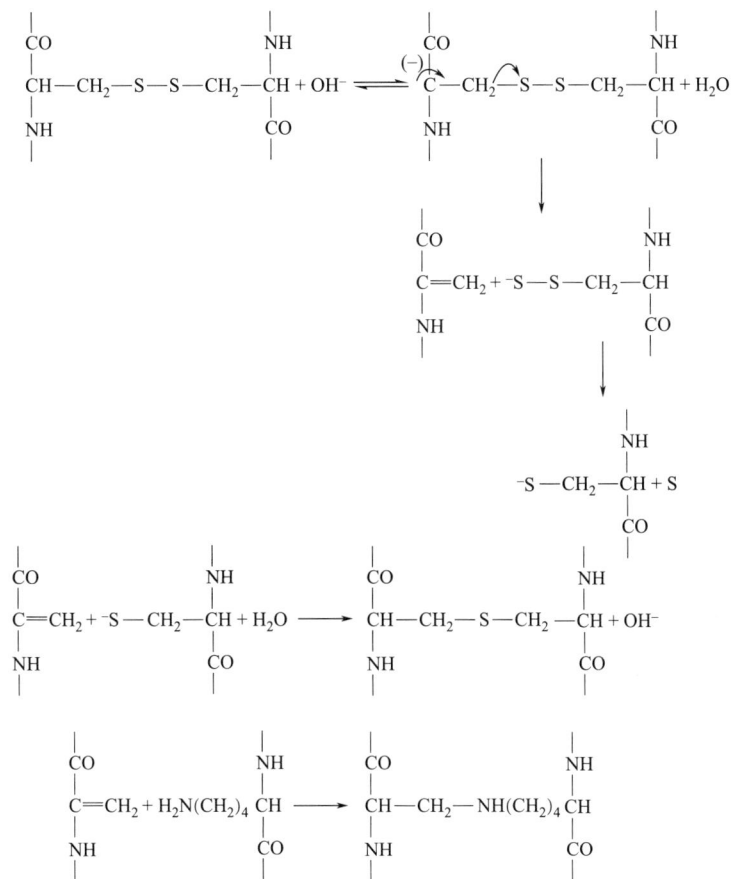

以上反应说明，碱性溶液有助于羊毛中新交联键的形成，从而提高羊毛形态的稳定

性，还可以说明羊毛用碱性溶液处理时，纤维的含硫量降低到一定程度后，即使再延长作用时间也基本保持不变的原因。

（四）氧化剂对羊毛的作用

羊毛对氧化剂比较敏感，其破坏程度取决于氧化剂的种类、浓度、溶液的pH、处理温度、时间等因素，使肽链之间的交联键受到破坏。在一定条件下，氧化剂也可以破坏蛋白质大分子中的肽键。含氯漂白剂对羊毛的作用最强烈，不适用于羊毛的漂白。过氧化氢的作用比较缓和，常用于羊毛的漂白，即使条件控制不当，也不会造成纤维的严重损伤。其中最主要的因素是pH，其次是温度、H_2O_2的浓度和处理时间等。铜、镍等金属离子的存在有催化作用，能加速其对纤维的氧化反应。

（五）还原剂对羊毛的作用

还原剂能破坏羊毛中的二硫键，在碱性介质中，破坏作用更为强烈。

（1）硫化钠。当羊毛用硫化钠（Na_2S）溶液处理时，因硫化钠除具有还原性，还能水解生成氢氧化钠而使纤维发生剧烈溶胀，还原反应更易进行。它与胱氨酸剩基的反应如下：

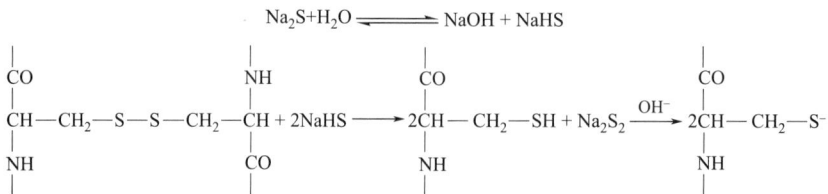

$$Na_2S + H_2O \Longrightarrow NaOH + NaHS$$

$$\begin{array}{c} | \\ CO \\ | \\ CH{-}CH_2{-}S{-}S{-}CH_2{-}CH + 2NaHS \longrightarrow 2CH{-}CH_2{-}SH + Na_2S_2 \xrightarrow{OH^-} 2CH{-}CH_2{-}S^- \\ | \\ NH \end{array}$$

由于有大量的蛋白质—S^-离子生成，并存在于膜内，促使更多的Na^+进入纤维内部，纤维发生剧烈溶胀，NaOH还能使肽键水解。所以经Na_2S处理后，羊毛的失重率很大，在较高的温度下，可使羊毛全部溶解。

（2）亚硫酸氢钠。亚硫酸氢钠（$NaHSO_3$）对羊毛的作用较为缓和，在染整加工中有一定的实用性，如应用于羊毛的还原漂白，卤素防毡缩处理中的脱氯等。亚硫酸氢钠在缓和的条件下作用于羊毛，羊毛中的二硫键不会受到明显破坏，但在较强烈的条件下，二硫键也会被还原。

（3）连二亚硫酸钠。连二亚硫酸钠（$Na_2S_2O_4$）常用作羊毛的还原漂白剂，由于它是较强的还原剂，在漂白羊毛的同时，也使羊毛中的二硫键受到一定程度的破坏，生成巯基（—SH）。对羊毛的破坏程度可从羊毛在碱溶液中的溶解百分率来判断。

在还原反应中形成的巯基（—SH）很不稳定，如果将处理过的羊毛较长时间暴露在空气中或以氧化剂（如H_2O_2）处理，—SH很容易被重新氧化成二硫键。

（六）卤素对羊毛的作用

卤素对羊毛的鳞片有特别强烈的破坏作用，经氧化处理过的羊毛截面膨胀，强度和伸长率下降，纤维泛黄，光泽增强，对染料的吸附能力提高，缩绒性大大降低。

电子显微镜观察表明，氯化处理后的羊毛表面形态发生了一定变化，大多数羊毛鳞片的边缘变钝，端部变得平滑，小部分鳞片被溶去。

工业上利用氯化作用能增强光泽，降低缩绒性和提高羊毛对染料的吸附能力的特点，以适当的条件对潮湿状态的羊毛或其制品进行氯化处理，已获得实际应用。例如，增强地毯的光泽、毛织物的防毡缩整理、印花织物的预处理以及制造不缩绒的毛纱用以编织羊毛衫裤等。

（七）光对羊毛的氧化作用

日光的照射对羊毛有破坏作用。绵羊背部的羊毛由于经常受到日晒和雨淋，毛尖发黄，手感粗糙，弹性下降。羊毛在日光的照射过程中，可能是由于紫外线的作用，羊毛中的二硫键发生了氧化和水解，从而改变了羊毛的组成和结构。但在天然纤维中，羊毛还是最耐晒的纤维之一。

第四节　其他纺织用动物毛

用于纺织的动物毛，除绵羊毛外，还有山羊毛、马海毛、兔毛、骆驼毛、牦牛毛等。

一、山羊毛

山羊毛是在脱毛季节从山羊身上抓下来的毛的统称。经过分梳去掉其中的粗毛和死毛后的绒毛为山羊绒，平均每只山羊可抓150～250g山羊绒。开司米山羊所产的绒毛质量最好。根据颜色山羊绒可分为白羊绒、紫羊绒和青羊绒，其中以白羊绒最为名贵。

山羊绒由鳞片层和皮质层组成，没有髓质层。鳞片边缘光滑平坦，呈环状覆盖，间距较大。截面为圆形，纤维平均直径为14.5～16.5μm，细度离散系数较小，约为20%。山羊绒平均长度多在30～45mm，弹性一般优于绵羊毛，密度比羊毛低。因此，山羊绒具有轻、柔、细、滑、保暖等优良性能，但山羊绒对酸、碱和热的反应比羊毛敏感。

山羊绒是极珍贵的纺织原料，一般用作羊绒衫、围巾、手套等针织品和高档粗纺呢绒，也可用作精纺高级服装原料。

二、马海毛

马海毛也称安哥拉山羊毛，它以长度和光泽明亮而著称。我国西北地区的中卫山羊也有和马海毛相近的品质特征。

马海毛属于异质毛（羊体各毛丛由两种或两种以上类型的毛纤维组成），夹杂有一定数量的有髓毛和死毛，其比例随山羊年龄增长而增大。幼龄山羊所产的马海毛中，有髓毛含量不超过1%；3岁以上山羊所产的马海毛中，有髓毛含量可达20%以上。马海毛横截面大多为圆形，有髓毛大多为椭圆形，其直径离散较大，平均直径为10～90μm，平均长度为120～150mm。马海毛的皮质层几乎都是正皮质，只有少量偏皮质包覆在正皮质外面，形成类似皮芯结构，卷曲少。马海毛的鳞片扁平、宽大，紧贴毛干，重叠程度小，因而具有丝一般的光泽，且不易毡缩。此外，马海毛的强度和弹性也较好，但对化学试剂的反应比羊毛敏感。

马海毛多用于织制高档提花毛毯、长毛绒和顺毛大衣呢等服用织物。将少量白色马海毛混入黑色羊毛织成的银枪大衣呢，银光闪闪，独具风格。马海毛也可用于高级精纺呢绒。

三、兔毛

兔毛有普通兔毛和安哥拉兔毛两种，以安哥拉兔毛质量为好。安哥拉兔毛色白，长度长，光泽好，因似安哥拉山羊毛而取其名。我国是兔毛的主要生产国，兔毛产量占世界兔毛产量的80%~90%。

兔毛由绒毛和粗毛两类纤维组成。绒毛直径为5~30μm，且大多数在10~15μm，粗毛直径为30~100μm。兔毛的长度最短在10mm以下，最长的可达115mm，大多数在25~45mm。绒毛的横截面呈非正圆形或多角形，粗毛呈腰圆形或椭圆形。兔毛密度小，仅为1.11g/cm³左右，纤维轻、柔软、光滑、蓬松、保暖性好，且吸湿能力强。但由于兔毛纤维强度较低、伸长率低、卷曲少、卷曲弧度浅、抱合力差，所以单独纺纱较困难，一般与羊毛或其他纤维混纺。

四、骆驼毛

骆驼毛是从骆驼身上自然脱落或用梳子梳理采集而获得的毛的统称。骆驼身上的外层毛粗而坚韧，称为骆驼毛；在外层粗毛之下有细短柔软的绒毛，称为骆驼绒。骆驼绒的平均直径为14~23μm，平均长度为40~135mm。骆驼毛的平均直径为50~209μm，平均长度为50~330mm。骆驼毛带有天然的杏黄、棕褐等颜色，鳞片很少，而且边缘光滑，所以不像羊毛具有缩绒性，不易粘并。骆驼毛可用作衣服衬絮，具有优良的保暖性。骆驼绒可织制高级的服用织物、毛毯。

五、牦牛毛

牦牛是高山草原的特有牛种，主要产于我国的青藏高原。从牦牛身剪下来的牦牛毛被，颜色以黑褐色为多，由绒毛和粗毛组成。牦牛绒很细，平均直径约为20μm，平均长度约为30mm。牦牛绒的鳞片呈环状，边缘整齐，紧贴于毛干，卷曲深度较大。它的光泽柔和，弹性优良，手感柔软，常与羊毛混纺织制绒衫、大衣呢等。牦牛毛略有毛髓，平均直径约为70μm，平均长度约为110mm，外形平直，表面平滑，坚韧而有光泽，可织制衬垫、帐篷及毛毡等。

练 习 题

一、单项选择题

1. 生丝横截面形态近似钝角三角形，是由（ ）根丝素依靠丝胶黏合而成。

A. 3 　　　　B. 2 　　　　C. 4 　　　　D. 1

2. 鳞片越少，卷曲越少的羊毛其缩绒性（ ）。

A．越好　　　　　B．越差　　　　　C．与鳞片无关　　　D．不变

3．羊毛纤维是蛋白质纤维，其耐酸碱性如下：（　　）。

A．既不耐酸又不耐碱　　　　　　　B．比较耐碱不耐酸

C．比较耐酸不耐碱　　　　　　　　D．既耐酸又耐碱

4．哪种纤维会产生丝鸣现象？（　　）

A．棉　　　　　　B．黏胶　　　　　C．蚕丝　　　　　D．涤纶

5．下列说法中正确的是（　　）。

A．长绒棉较细，因此纤维的强度低

B．用熔体纺丝加工合成纤维是因为不能用溶液纺丝

C．纤维都可以用来加工纺织品

D．羊毛纤维上的油汗能起到保护羊毛纤维的作用

6．通常以毛作为原料生产的品种是（　　）。

A．凡立丁　　　　B．的确良　　　　C．塔夫绸　　　　D．府绸

7．以下纤维中断裂强度最小的是（　　）。

A．棉　　　　　　B．麻　　　　　　C．蚕丝　　　　　D．羊毛

8．弱有机酸如（　　）的稀溶液，在常温下不损伤蚕丝，可增进光泽、手感，并赋予其丝鸣的特点。

A．盐酸　　　　　B．单宁酸　　　　C．甲酸

9．羊毛纤维的主体是（　　）层，主要有O皮质细胞和P皮质细胞两种。

A．髓质层　　　　B．皮质层　　　　C．鳞片层

10．在下列纤维中，（　　）纤维的表面有鳞片。

A．羊毛　　　　　B．锦纶　　　　　C．亚麻

二、判断题（判断为正确打"√"，判断为错误打"×"）

1．羊毛纤维怕酸不怕碱。（　　）

2．在天然纤维和合成纤维中，茧丝的耐光性最差。（　　）

三、简答题

1．为什么羊毛纤维及其织物具有缩绒性？利用这种性能能够用于生产哪些品种织物？

2．如何用最简单的方法鉴别出棉纱、羊毛纱、黏胶丝、蚕丝？

第五章　合成纤维

第一节　合成纤维概述

合成纤维（synthetic fiber）是以简单的低分子化合物（来源于煤、石油、天然气等）为原料，经一系列的化学反应，成为高分子化合物，再经抽丝加工而成的纤维。

由于合成纤维的原料来源广泛，生产不受自然条件限制，并具有许多优良特性，如坚牢耐磨、质轻、易洗快干、不易皱缩、不霉不蛀等，成为很好的衣着原料。市场上销售的涤纶、锦纶、腈纶、丙纶、氨纶等都属于合成纤维。

一、合成纤维的分类

（1）聚酯类纤维。聚对苯二甲酸乙二醇酯纤维（涤纶）、各类改性聚酯纤维等。

（2）聚酰胺类纤维。聚酰胺6纤维（锦纶6）、聚酰胺66纤维（锦纶66）、聚酰胺1010纤维（锦纶1010）、芳香族聚酰胺纤维（芳纶）等。

（3）聚烯烃类纤维。聚丙烯腈纤维（腈纶）、聚丙烯纤维（丙纶）、聚乙烯醇缩甲醛纤维（维纶）、聚氯乙烯纤维（氯纶）、聚乙烯纤维（乙纶纤维）等。

（4）其他类纤维。聚氨酯（弹性）纤维（氨纶）、聚甲醛纤维、含氟纤维、酚醛纤维、碳纤维等。

二、合成纤维的发展概况

合成纤维工业是在20世纪30年代末、40年代初发展起来的。虽然合成纤维问世时间不长，但由于它们具有某些独特的、天然纤维所难比拟的性能，在短短的几十年间，发展速度超过了其他任何纤维。合成纤维的品种很多，用于纺织品的主要有涤纶、锦纶、腈纶、维纶、丙纶和氨纶等，其中以涤纶、锦纶和腈纶的产量最大，约占合成纤维总产量的90%以上。

世界上第一个实现工业化生产的合成纤维是锦纶66。由于它结实耐磨、富有弹性，自1940年问世以来，产量一直居合成纤维之首，直到1972年才让位于涤纶，居第二位。20世纪50年代，涤纶和腈纶先后投入工业化生产，由于涤纶具有优良的性能，发展速度特别快，在合成纤维中已居于遥遥领先的地位。腈纶具有良好的仿毛性能，目前为合成纤维的第三大品种。

20世纪40~50年代，氯纶和维纶也相继开始工业化生产，并得到一定的发展，但与其他合成纤维相比，氯纶和维纶并没有特别优良的性能，故发展受到一定的限制。

20世纪60年代，丙纶实现了工业化生产。通过几十年的研究，采用纤维改性等方法，在吸湿性和可染性方面不断取得进展，使丙纶的性能不断得到提高，并且由于其原料成本低，已成为合成纤维中的后起之秀。

进入20世纪70年代后，人们对纺织纤维的需求范围越来越大，功能要求越来越高，使合成纤维的产量迅速增长，且市场竞争日趋激烈，常规合成纤维已不能满足市场需要。此时随着高分子合成技术和纤维材料科学的不断发展，科学家利用化学改性和物理改性的手段，制造出改性合成纤维，即新型合成纤维（新合纤）。与原有合成纤维相比，新合纤在吸湿性、染深色性、抗起毛起球性、蓬松保暖、手感、视觉风格等方面有较大改善，并具有抗菌防臭、防紫外线、抗静电等特殊功能。采用新合纤生产的仿棉、仿麻、仿毛、仿丝的新一代仿真（仿天然纤维）产品相继问世，并投入工业化生产。现在新合纤在合成纤维中的比例正迅速增加，在一些发达国家，新合纤的产量已占其全部合成纤维产量的50%以上。

随着合成纤维应用领域的不断扩大，具有特殊性能的合成纤维不断问世，如高强度、高模量的聚对苯二甲酰对苯二胺纤维，强度可达1.9～2.2N/tex、模量为46～85N/tex；耐高温的聚间苯二甲酰间苯二胺纤维，在304℃下连续加热1000h，强度仍可保持原来的64%，在火焰中难燃，具有自熄灭性；高弹性的聚氨酯弹性纤维，伸长率为500%～600%时，弹性回复率可达97%～98%；耐高温耐腐蚀的聚四氟乙烯纤维，在天然及化学纤维中化学稳定性最好；电绝缘纤维2,6-二苯基对苯醚纤维，在175℃的热空气中稳定、耐超高电压500kV以上；具有微孔结构中空纤维膜，在压力差、浓度差或电位差的推动下，可进行反渗透、超滤、透析等。

我国的合成纤维工业是从1958年以后发展起来的。我国石油化学工业的发展为合成纤维提供了日益丰富的原料，并陆续建立起许多工业化生产基地。目前我国的合成纤维产量已居界前列。在新合纤的研究和开发中，新产品不断投产。其中有有色纤维、网络丝、细旦丝、高强低伸缝纫线等；高收缩纤维、异形纤维、涤纶阳离子可染改性纤维、三维立体卷曲涤纶、空气变形丝、远红外纤维、中空仿羽绒纤维、抗静电纤维等。目前已建成规模可批量生产的新合纤有高强高模维纶、高吸水涤纶、聚对苯二甲酸丁二醇（PBT）弹性聚酯纤维、阻燃纤维、复合腈纶、导电纤维、水溶性纤维、低熔点纤维、抗起毛起球纤维等。

三、合成纤维的生产

合成纤维的原料来源比人造纤维广泛得多，它是从石油、煤、天然气、石灰石中提炼出一些可以供化学上合成用的有机化合物，如乙烯、丙烯、苯、甲苯、二甲苯等，经过不同的化学加工，得到了生产合成纤维的直接原料——单体，如己内酰胺、丙烯腈、醋酸乙烯、苯二甲酸等。

单体的相对分子质量都很低，不具备纺丝的性能。因此，必须在一定的条件下，通过聚合反应使几十、几百、几千这样的单体分子聚合成为相对分子质量很高的具备纺丝性能的高分子化合物，如聚己内酰胺、聚丙烯腈等。要把这种具备纺丝性能的高分子化合物纺成纤维，还必须像吐丝那样，把它们先制成黏稠的液体（纺丝液），从喷丝头的细孔中喷出，再经空气或某种液体凝固成丝。

（一）纺丝方法

（1）熔融法纺丝。熔融法纺丝是把高分子化合物加热到熔点以上使它成为黏稠的熔体，然后把它从喷丝头细孔中喷出，在空气中或水中冷却凝固成丝。

（2）湿法纺丝。湿法纺丝是将高分子化合物溶解在适当的溶剂中，先制成黏稠的纺丝溶液，再从喷丝头细孔中喷出，纺丝溶液呈细流状射入凝固液凝固成丝。

（3）干法纺丝。干法纺丝是将高分子化合物溶解在挥发性的溶剂中制成纺丝液，从喷丝头小孔中喷出后，呈细流状进入热空气中，使溶剂挥发而凝固成丝。

除上述纺丝法外，还有复合纺丝法、拉裂法、切割法、反应法等。

目前，合成纤维生产中以熔融法纺丝为主，其次是湿法纺丝，干法纺丝使用较少。根据各种高分子化合物的不同性质，采用熔融法纺丝生产的有锦纶、涤纶、丙纶等，采用湿法纺丝生产的有腈纶和维纶短纤维，采用干法纺丝生产的有腈纶长丝、氨纶弹性丝。

（二）异形纤维和中空纤维

合成纤维喷丝头的孔数，从一孔到几百孔，甚至更多。喷丝孔的形状有圆形、三角形、五叶形、扁平形、中空形等。在合成纤维成型过程中，用圆形喷丝孔纺成的丝的横截面呈圆形，用各种异形喷丝孔则纺成非圆形横截面的纤维或中空纤维，称为异形横截面纤维，简称异形纤维。

异形纤维在纯化纤仿真丝、仿毛产品中应用广泛，主要原料为涤纶。有的异形纤维由于采用不均匀牵伸技术，使化纤长丝的条干不匀，用其织成的织物可得天然纤维般的自然外观，并提高纤维的抱合力、手感、回弹性、抗起球性、耐污性等。如在三叶形纤维的三个顶点开出微小缺口或使纤维表面轴向有微细沟槽，可使纤维在摩擦时产生丝鸣感，且没有普通涤纶的极光；十字形横截面的锦纶回弹性强；五叶形横截面的涤纶长丝有类似真丝的光泽、抗起球性、手感和覆盖性良好；扁平、带状、哑铃形横截面的合成纤维具有麻、毛等的手感和光泽。异形纤维的横截面形状复杂，比表面积增大，能改善织物的吸湿性、蓬松性和透气性。异形纤维的异形度越大，纤维的抱合力就越大，使其抗起毛起球能力增加。异形横截面纤维的透光性小于圆形横截面纤维，可在视觉上增强织物的耐污性。

中空纤维的保暖性和蓬松性优良，某些中空纤维还具有特殊用途，如制作反渗透膜，用于人工肾脏、海水淡化、污水处理、硬水软化、溶液浓缩等方面。图1-5-1为一些制造异形纤维所用喷丝孔的形状及相应的纤维横截面形状。

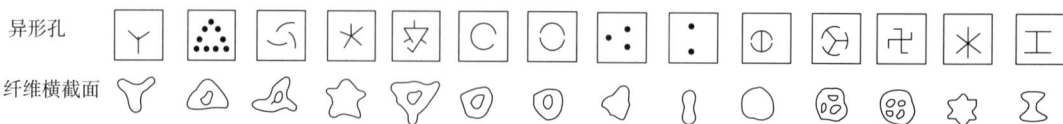

图1-5-1　异形喷丝孔及异形纤维横截面形状

（三）复合纤维

一般合成纤维多以单一组分的高分子化合物制造而成，为了使纤维获得某些独特的性能，可采用复合纺丝法制成复合纤维。复合纺丝是用两种或两种以上不同的高分子化合物同时通过一个喷丝孔喷出,使两组分或多组分粘并成为一根纤维。复合纤维又称共轭纤维或多组分纤维。

复合纤维最早用于模仿羊毛的双侧结构,1937~1960年先后研制出双侧结构的黏胶纤维、聚丙烯腈并列复合纤维及锦纶类并列复合纤维,但用途并不广泛。近年来,随着纤维科学的发展,复合纤维的品种越来越多,从纤维的横截面形态来分主要有并列型、皮芯型、海岛型及裂离型,如图1-5-2所示。

| 并列型 | 并列型 | 皮芯型 | 皮芯型 | 海岛型 | 裂离型 | 裂离型 |

图1-5-2 复合纤维的几种主要类型

不同类型的复合纤维具有不同的特性。比较典型的复合纤维的性能如下:并列型及偏心皮芯型纤维是由两种收缩率不同的高聚物组成的,与羊毛纤维一样具有螺旋状卷曲特性。刚成型的初生纤维并不卷曲,只有经拉伸和热松弛处理后,两种高聚物产生收缩率差异,造成纤维本身的不对称结构,这时才显现出卷曲,收缩率高的组分在螺旋卷曲的内侧。在染整加工时,这种收缩差异性使织物表面有毛织物的缩绒效果,可增加产品的丰满感。

复合纤维最突出的特点是大多数都具有三维空间的立体卷曲,所以具有高度的蓬松性、伸长率和覆盖能力。有的复合纤维经过适当的加工,还可制成吸湿性优良的多孔纤维或质地非常柔软的超细纤维。

复合纺丝设备主要由螺杆挤出机、计量泵和复合纺丝组件组成。图1-5-3为双组分复合纺丝装置示意图,其中复合纺丝组件是关键部件,有各种组合形式。只需改变纺丝组件的组合形式,就可生产出各种类型的复合纤维。

(四)纺丝后加工

刚纺出来的合成纤维还没有完全定型,强度较低,伸长也较大,易变形,不能直接用来加工制成纺织品,因此还必须根据不同品种进行拉伸、水洗、上油、干燥、定型等一系列后处理过程。如果是长丝,要将丝束连续卷绕在筒管上,再经过加捻和络丝等工序;如果是短纤维,需要将丝束切断成近似棉花、羊毛等纤维的长度,有的在切断前还要经过卷曲处理。经过这些后处理加工的合成纤维,才具有可供纺织使用的优良性能。

目前全世界化学纤维生产中,短纤维的产量高于长丝。根据纤维特点,有些品种(如锦纶)以生

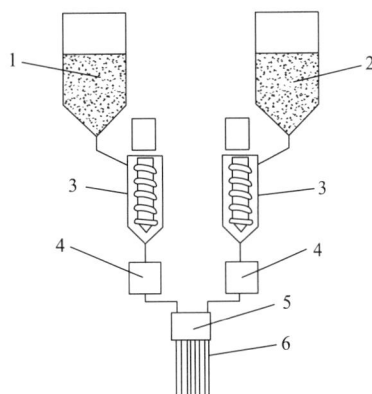

图1-5-3 双组分复合纺丝装置示意图
1, 2—聚合物 3—螺杆挤出机 4—计量泵
5—复合纺丝组件 6—复合纤维

97

产长丝为主，有些品种（如腈纶）则以生产短纤维为主，而有些品种（如涤纶）则长丝与短纤维比例比较接近。

第二节　涤纶

在我国市场上，涤纶（polyester）是聚对苯二甲酸乙二醇酯（polyethylene terephthalate，PET）纤维的商品名称。在20世纪20年代，美国化学家以脂肪族二元酸和乙二醇缩聚后制成聚酯纤维，由于其熔点低和易水解而无实用价值。1941年，英国科学家改用对苯二甲酸和乙二醇进行缩聚，制得高熔点（250℃左右）的聚合物后制成聚对苯二甲酸乙二醇酯纤维。这种纤维具有良好的纺织性能，并开始进行工业化生产。随后各国又相继研制了其他品种的聚酯纤维和改性聚酯纤维。

涤纶的工业化生产始于1953年，是发展较晚的一种合成纤维，但因其具有机械强度好、耐磨、耐酸碱、不易霉蛀、化学稳定性好等特点，在近半个世纪发展很快，产量已居合成纤维首位。涤纶可制成长丝，也可制成短纤维，产量几乎各占一半。涤纶短纤维可以纯纺，也可与天然纤维混纺织制各种"的确良"，还可以与其他化纤混纺，广泛用于衣着织物。涤纶发展迅速的原因，还在于它具有良好的弹性及保形性、较高的强度和纤维的可变异性，在衣着、装饰和工业用品中都是良好的应用材料。

一、涤纶的生产

涤纶生产所用的原料为对苯二甲酸（TPA）和乙二醇（EG）。它们通过化学合成，可得到聚对苯二甲酸乙二醇酯。聚对苯二甲酸乙二醇酯的合成方法有两种，即酯交换法和直接酯化法。

（一）酯交换法

将对苯二甲酸与甲醇在有硫酸作催化剂的情况下，进行酯化，其反应式如下：

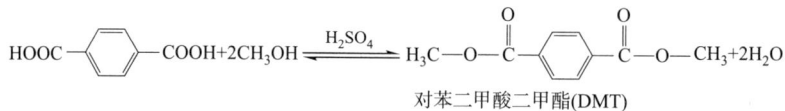

$$\text{HOOC}\!-\!\!\bigcirc\!\!-\!\text{COOH}+2\text{CH}_3\text{OH} \underset{}{\overset{\text{H}_2\text{SO}_4}{\rightleftharpoons}} \text{H}_3\text{C}\!-\!\text{O}\!-\!\overset{\text{O}}{\underset{}{\text{C}}}\!-\!\!\bigcirc\!\!-\!\overset{\text{O}}{\underset{}{\text{C}}}\!-\!\text{O}\!-\!\text{CH}_3+2\text{H}_2\text{O}$$

对苯二甲酸二甲酯(DMT)

所得到的DMT经提纯后用乙二醇进行酯交换：

$$\text{H}_3\text{C}\!-\!\text{O}\!-\!\overset{\text{O}}{\text{C}}\!-\!\!\bigcirc\!\!-\!\overset{\text{O}}{\text{C}}\!-\!\text{O}\!-\!\text{CH}_3+2\text{HOCH}_2\text{CH}_2\text{OH} \rightleftharpoons$$

DMT　　　　　　　　EG

$$\text{HOCH}_2\text{CH}_2\!-\!\text{O}\!-\!\overset{\text{O}}{\text{C}}\!-\!\!\bigcirc\!\!-\!\overset{\text{O}}{\text{C}}\!-\!\text{O}\!-\!\text{CH}_2\text{CH}_2\text{OH}+2\text{CH}_3\text{OH}$$

对苯二甲酸双羟基乙酯(BHET)

对苯二甲酸双羟基乙酯经过缩聚释放出乙二醇，并转变为具有一定聚合度的聚对苯二甲酸乙二醇酯，成为纺制涤纶的原料。其反应式如下：

$$nHOCH_2CH_2-O-C(=O)-\phi-C(=O)-O-CH_2CH_2OH \xrightleftharpoons[\text{解聚}]{\text{缩聚}}$$

$$H+OCH_2CH_2-O-C(=O)-\phi-C(=O)+_n OCH_2CH_2OH+(n-1)HOCH_2CH_2OH$$

聚对苯二甲酸乙二醇酯(PET)

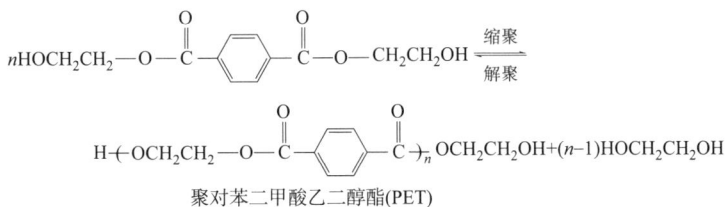

采用这种工艺的原因是DMT比TPA容易提纯。

（二）直接酯化法

将经过提纯的对苯二甲酸和乙二醇直接进行酯化生成BHET，其反应式如下：

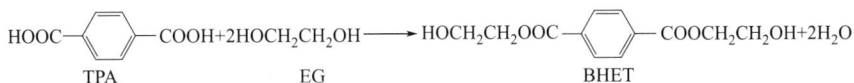

$$HOOC-\phi-COOH+2HOCH_2CH_2OH \longrightarrow HOCH_2CH_2OOC-\phi-COOCH_2CH_2OH+2H_2O$$

TPA   EG   BHET

再经缩聚反应生成聚对苯二甲酸乙二醇酯。

将上述两种方法合成的聚对苯二甲酸乙二醇酯铸带、切粒，使其成为无色透明的固体颗粒，通常称为涤纶树脂或涤纶切片，切片干燥后即可纺丝。

涤纶采用熔融法纺丝，温度为285~290℃。涤纶熔体从喷丝板的小孔中挤出形成黏液细流，细流在空气中冷却形成初生纤维。

涤纶的后加工因生产产品的品种不同而异。生产涤纶长丝时，要经牵伸加捻、热定型、络丝和包装；生产涤纶短纤维时，后加工一般包括集束、牵伸、上油、卷曲、热定型、切断和打包等。

二、涤纶的结构

（一）涤纶的形态结构

在一般光学显微镜下观察，普通涤纶的纵向为光滑、均匀、无条痕的圆柱体，横截面为圆形（图1-5-4）。

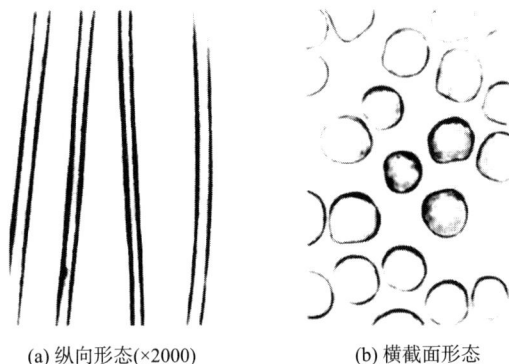

(a) 纵向形态(×2000)   (b) 横截面形态

图1-5-4 在显微镜下观察到的普通涤纶的形态结构

（二）涤纶的分子结构

涤纶大分子的化学组成为聚对苯二甲酸乙二醇酯，分子结构式如下：

$$H \xleftarrow{} O—CH_2—CH_2—O—\overset{\displaystyle O}{\overset{\|}{C}}—\text{⌬}—\overset{\displaystyle O}{\overset{\|}{C}} \xrightarrow{}_n O—CH_2—CH_2—OH$$

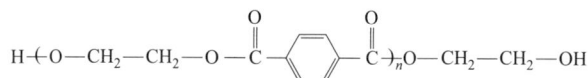

从以上结构式中可以看出：

（1）除两端含—OH外，涤纶大分子链上不含有亲水性基因，且缺乏与染料分子结合的官能团，故吸湿性、染色性差，属于疏水性纤维。

（2）酯键的存在使涤纶分子具有一定的化学反应能力，但由于苯环和亚甲基的稳定性较好，所以涤纶的化学稳定性较好。

（3）涤纶大分子的基本链节中含有苯环，阻碍了大分子的内旋转，使主链刚性增加。但涤纶大分子的基本链节中还含有一定数量的亚甲基，所以又有一定的柔性，刚柔相济的大分子结构使涤纶具有弹性优良、挺括、尺寸稳定性好等优异性质。

（4）涤纶大分子为线性分子，没有大的侧基和支链，分子链容易沿着纤维拉伸方向平行排列，因此分子间容易紧密地堆砌在一起，形成结晶，这使纤维具有较高的机械强度和形状稳定性。

（三）涤纶的超分子结构

涤纶的超分子结构与纤维生产过程中的拉伸和热处理有关。涤纶喷丝成型后的初生纤维是无定形的，取向度很差，需要进一步牵伸取向后方能纺织加工。经过拉伸和热定形处理后纤维的结晶度约为60%，并有较高的取向度。

将过度磨损的涤纶放在电子显微镜下观察，可以看到原纤组织，原纤是纤维的基本组成单位，原纤之间有较大的微隙，并由一些排列不规则的分子联系着。原纤又是由高侧序度的分子所组成的微原纤堆砌而成的，微原纤之间存在着较小的微隙，并被一些侧序度较低的分子联系起来。因此涤纶的超分子结构也可用缨状原纤模型来加以描述。但与棉纤维不同的是，其在缨状原纤中存在着缨状折叠链结晶，称为"折叠链缨状微原纤"，如图1-5-5所示。

图1-5-5　折叠链缨状微原纤模型

三、涤纶的性能

（一）热性能

（1）玻璃化温度与软化点。涤纶是热塑性纤维，其玻璃化温度为68～81℃，在玻璃化温度以下，大分子链段的活动能力小，涤纶受外力不易变形，有利于正常使用；涤纶的软化点为230～240℃，高于此温度，纤维开始解取向，分子链段发生运动产生形变，且形变不能回复。在染整加工中，温度要控制在玻璃化温度以上，软化点温度以下。印染厂的热定形温度一般为180～220℃，染色、整理及成衣熨烫的温度均低于热定形温度，否则会因分子链段活动加剧而破坏定形效果。

（2）耐热性。在几种主要的合成纤维中，涤纶的耐热性最好。这是因为组成涤纶的聚对苯二甲酸乙二醇酯的熔点较高。涤纶在230～240℃才开始软化，260℃左右开始熔融。

涤纶在170℃以下短时间受热所引起的强度损失在温度降低后可以恢复。

涤纶的热稳定性在几种主要的合成纤维中也是最好的。涤纶在150℃下加热168h后，其强度损失不超过3%，而锦纶在150℃下受热5h即变黄，纤维强度大幅下降。大部分碳链纤维在高于80~90℃下受热要发生变形，其强度损失很难恢复。所以对涤棉混纺织物进行热加工时，应着重考虑棉纤维本身的耐热性。

涤纶所能允许的使用温度范围较大，可在-70~170℃使用，低温时纤维不会发脆。如果在生产中涤纶经过较好的热定形，那么它的热收缩性也是最小的。

（二）力学性能

（1）强度和断裂伸长率。涤纶的强度和断裂伸长率不仅与其分子结构有关，还与纤维纺丝过程中的拉伸和热处理工艺密切相关。经拉伸后，涤纶大分子链按一定方向排列，取向度提高，使其能均匀承受外力，故强度提高。

通常涤纶短纤维的断裂强度为0.27~0.66cN/tex，断裂伸长率在25%~50%。在适当的热处理条件下，涤纶在纺丝过程中的拉伸程度越高，则纤维的取向度越高，纤维的断裂强度也越高，而断裂伸长率却较低；反之，则可能获得低强高伸的纤维。即改变拉伸和热处理条件，可制成高强低伸或低强高伸等不同品种的纤维。图1-5-6为几种常见纤维的强度—伸长率曲线比较。

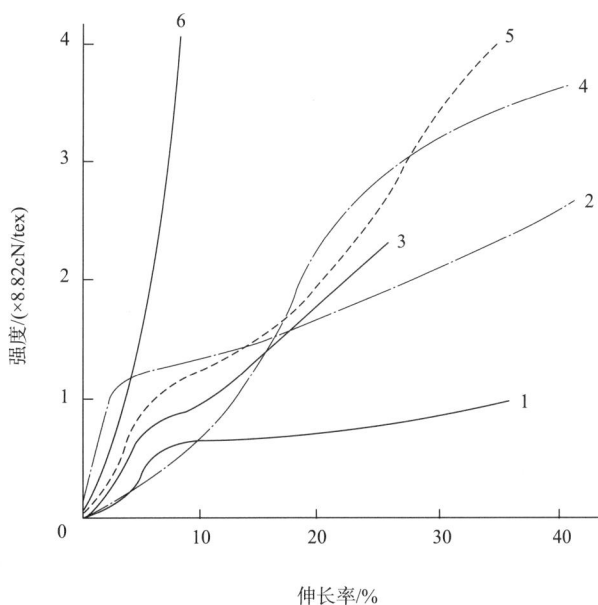

图1-5-6　几种常见纤维的强度—伸长率曲线
1—羊毛　2—腈纶　3—黏胶纤维　4—锦纶　5—涤纶　6—棉

（2）弹性。涤纶具有优良的弹性，在较小的外力作用下不易变形，当受到较大外力作用而产生形变时，取消外力后，其回复原状的能力也较强，形变回复能力与羊毛相近。表1-5-1为几种常见纤维发生形变后的回复能力。

表1-5-1 几种常见纤维发生形变后的回复能力

纤维	从形变中回复的程度（相对湿度60%）/%		
	1%伸长	5%伸长	10%伸长
棉	91	52	
黏胶纤维	67	32	23
羊毛	99	69	51
蚕丝	84	54	34
涤纶	98	65	51
锦纶	90	89	89

涤纶弹性好的原因有两方面。一方面是由于涤纶具有较大的弹性模量（220.5~1411.2cN/tex），比锦纶高2~3倍。涤纶的弹性模量大，则表明纤维的刚性强，受外力时不易产生形变；一旦产生形变，由于回弹率较高，又容易回复。另一方面，从涤纶的微结构来看，无定形区的分子间力小，受外力作用时会发生链段运动，产生一定的形变；结晶区和取向度高的部位，分子间有比较牢固的连接点，因此分子间力较大，受外力时不易产生形变。只有在较大的外力作用时，才能破坏晶区边缘的连接点，使一些基本结构单元或分子链段移动至新的位置，一旦外力取消，这些基本结构单元或分子链段在未断裂的连接点所储存的内能和分子内旋转的作用下，逐渐移近原来位置，力图使形变回复。所以涤纶在一定外力作用下产生的形变是可回复形变，但在高度拉伸时，回复性能显著变差。

因为涤纶既抗拉伸（弹性模量大），又易回复形变（回弹性较高），所以涤纶织物不易折皱，再加上其吸湿能力小，在水中能保持弹性，洗后保形性好，因而用涤纶做的衣服具有"洗可穿"性能，即其在洗后能达到不皱、免烫。在这点上涤纶较羊毛为优，也是其他天然纤维和化学纤维织物所不及的。

（3）耐磨性。涤纶的耐磨性仅次于锦纶而超过其他纤维。涤纶的湿态耐磨性能与干态时很接近，但锦纶的湿态耐磨性仅是干态的45%~50%。耐磨性主要取决于伸长率和弹性的高低，与纤维的强度也有关系。如玻璃纤维的强度和弹性都好，但伸长率较低，故易损坏；羊毛虽然强度不高，但伸长率和弹性指标较高，故较耐磨。涤纶和锦纶的伸长率、弹性和强度都很好，所以耐磨性突出。表1-5-2为涤纶与其他纤维耐磨性能的比较。

表1-5-2 涤纶与其他纤维耐磨性能的比较（断裂时经受的摩擦次数）

纤维	线密度/tex	干态/次	湿态/次
涤纶	0.22	1980	1870
锦纶	0.33	8800	3800
黏胶纤维	0.22	880	28

（三）化学性能

涤纶的化学性能与其分子结构有关。在涤纶大分子中，苯环和亚甲基的稳定性较好，故涤纶的化学稳定性较好；而酯键的存在使分子具有一定的化学反应能力。

1. 与酸和碱的作用

涤纶的耐酸性较好，对无机酸和有机酸均有很好的稳定性。涤纶大分子在酸中的水解反应如下：

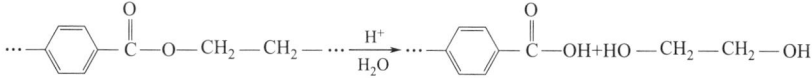

$$\cdots\!-\!\!\!\langle\!\!\!-\!\!\!\rangle\!\!\!-\!\!C\!-\!O\!-\!CH_2\!-\!CH_2\!-\!\cdots \xrightarrow[H_2O]{H^+} \cdots\!-\!\!\!\langle\!\!\!-\!\!\!\rangle\!\!\!-\!\!C\!-\!OH + HO\!-\!CH_2\!-\!CH_2\!-\!OH$$

酯键在酸中水解后，生成的酸和醇可发生酯化反应，使水解反应不易继续进行，且涤纶的物理结构紧密，故耐酸性较好。在弱酸中，即使是煮沸的条件下，涤纶也不致发生严重损伤；在强酸（氢氟酸或30%盐酸）中室温条件下，涤纶也很稳定。

涤纶大分子中含有酯键，所以对碱的稳定性稍差，在浓碱的作用下容易发生水解。但由于其结构紧密，在室温条件下，涤纶对稀的纯碱和烧碱的稳定性很好。涤纶中酯键与碱的水解反应如下：

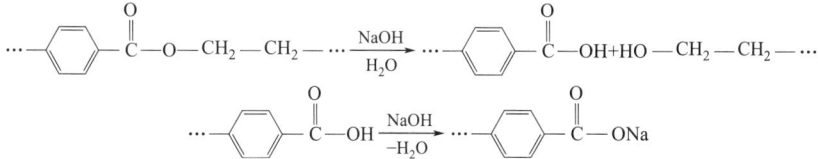

$$\cdots\!-\!\!\!\langle\!\!\!-\!\!\!\rangle\!\!\!-\!\!C\!-\!O\!-\!CH_2\!-\!CH_2\!-\!\cdots \xrightarrow[H_2O]{NaOH} \cdots\!-\!\!\!\langle\!\!\!-\!\!\!\rangle\!\!\!-\!\!C\!-\!OH + HO\!-\!CH_2\!-\!CH_2\!-\!\cdots$$

$$\cdots\!-\!\!\!\langle\!\!\!-\!\!\!\rangle\!\!\!-\!\!C\!-\!OH \xrightarrow[-H_2O]{NaOH} \cdots\!-\!\!\!\langle\!\!\!-\!\!\!\rangle\!\!\!-\!\!C\!-\!ONa$$

由于水解反应生成的酸能与碱进一步反应成为钠盐，使涤纶在碱中的水解反应能一直进行下去，故其耐碱性较差。

涤纶在浓碱液或热的稀碱液作用下，纤维表面的大分子会发生水解，一层层地剥落下来，并溶解在碱液中，使纤维逐渐变细，这种现象称为"剥皮现象"。利用这一方法处理涤纶织物，可使纤维变得细而柔软，增加了纤维在纱线中的活动性，使涤纶织物获得仿真丝效果。

2. 对氧化剂和还原剂的稳定性

涤纶对氧化剂和还原剂均具有良好的稳定性，印染加工过程中常使用的氧化剂和还原剂对其几乎没有损伤。需注意的是，在涤棉混纺织物漂白和染色时，应根据棉纤维的性质来选择适当的漂白和染色工艺及化学试剂。

3. 耐溶剂性

涤纶的耐溶剂性较好。一般的非极性有机溶剂和室温下的极性有机溶剂对涤纶没有影响。但随浓度及处理温度的不同，有些有机溶剂可以使涤纶膨化或溶解，如丙酮、苯、三氯甲烷、苯酚—氯仿、苯酚—氯苯、苯酚—甲苯等。

2%的苯酚、苯甲酸或水杨酸的水溶液、0.5%氯苯的水分散液、四氢萘及苯甲酸甲酯等可作涤纶的膨化剂，所以酯类化合物常用作涤纶染色的载体。

（四）吸湿、染色性能

涤纶的吸湿性在合成纤维中较差。在标准状态（温度20℃，相对湿度65%），其公定回潮率仅为0.4%；在相对湿度为95%的条件下，最高吸湿率为0.7%。由涤纶的分子结构可知，大分子链中不含亲水性基团，且涤纶的结晶度高，分子排列紧密，分子间的孔隙小，故吸水性差，在水中的膨化程度也低，因而其织物具有易洗快干的特性。但织物吸湿性差，透气性不好，容易积聚静电而吸附灰尘。

涤纶染色较困难，一般染料不易着色，除因其吸湿性较差、染料难以随水分子进入涤纶内部外，涤纶大分子缺少极性基团也是造成染色困难的原因之一。目前生产常采用的染色方法有高温染色法、载体染色法，所用染料为分子结构简单、体积较小的分散染料。在高温或载体的作用下，涤纶大分子链的运动较为容易，瞬间孔隙增加，有利于染料分子进入纤维内部。

（五）起球现象

涤纶织物表面容易起球而影响外观。这是因为涤纶表面光滑，纤维之间抱合力差，故纤维尖端容易散露在织物表面形成绒毛，穿着时经摩擦使纤维纠缠在一起结成小球。又由于纤维强度高、弹性好，使小球难以脱落。为改善起球现象，可采用异形截面纤维、降低纤维分子的聚合度等方法，在染整加工中采用烧毛和热定形工序也可改善起球现象。

（六）静电现象

涤纶由于吸湿性低、导电性差，经摩擦易产生静电。静电使织物易起毛起球，易沾污，并会黏附在皮肤或其他服装上，穿着很不舒服。生产中，织物会吸附在机械部件，也容易吸附车间中的尘埃，造成加工困难，还可能会因电火花造成火灾事故。因此生产涤纶织物时，要在设备上安装静电消除器，避免在加工过程中产生静电积累。为使织物在穿着使用时不产生静电，还可对织物进行抗静电整理。

（七）燃烧性能

涤纶靠近火焰时会收缩熔化为黏流状，接触火焰即燃烧，并形成熔珠而滴落，熔珠为硬的黑色小球，燃烧时有芳香气味并产生黑烟。离开火焰后，涤纶能继续燃烧，但易熄灭。涤纶燃烧时会因熔融而黏附于皮肤上，造成严重灼伤。涤纶与易燃纤维混纺时，燃烧更为剧烈，所以应对其织物进行阻燃整理。

第三节 锦纶

锦纶（Nylon）是合成纤维的主要品种之一，学名叫聚酰胺（polyamide，PA）纤维，其大分子主链上含有酰胺键（—CONH—）。锦纶一般分为两大类。一类是由二元胺和二元酸缩聚制成，可分别用两个数字表示两者所含的碳原子数，前者代表二胺的碳原子数，后者代表二酸的碳原子数，如锦纶66、锦纶1010；另一类是由 ε-氨基酸缩聚或由己内酰胺开环聚合而得的，其数字表示氨基酸或己内酰胺的碳原子数，如锦纶6。

锦纶是合成纤维中第一个实现工业化生产的品种，锦纶66和锦纶6分别于1939年和1943年开始工业化生产，随后实现工业化生产的有锦纶11、锦纶610、锦纶1010。

锦纶具有一系列优良特性，如耐磨性、弹性好，强度、伸长率高，相对密度小、耐霉耐蛀等，因此广泛应用于民用、工业和国防等方面。纺织工业中最常用的是锦纶6和锦纶66。

一、锦纶的生产

（一）锦纶6的生产

锦纶6的学名为聚己内酰胺纤维，大规模工业化生产中常用己内酰胺为原料，在适当的温度和活化剂（如少量水）存在下，经一系列反应开环聚合，水解后的开环产物为 ε - 氨基己酸，它可以通过缩聚或加成两种途径，使单体分子一个个连接起来成为长链状的聚己内酰胺。其反应式如下：

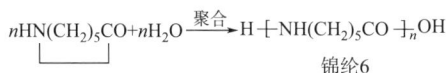

$$n\mathrm{HN(CH_2)_5CO} + n\mathrm{H_2O} \xrightarrow{\text{聚合}} \mathrm{H}\!\!+\!\!\mathrm{NH(CH_2)_5CO}\!\!+\!\!{}_n\mathrm{OH}$$
锦纶6

聚合物的相对分子质量一般控制在2万左右。

锦纶6采用熔融法纺丝，其纺丝过程与涤纶基本相同。但锦纶6缩聚体中含有8%~10%低分子化合物，需要在纺丝前进行切片萃取或在纺丝后洗涤加以去除。

（二）锦纶66的生产

锦纶66的学名为聚己二酰己二胺纤维。生产时是将己二酸与己二胺以等物质的量比制成盐后，再进行缩聚。其反应式如下：

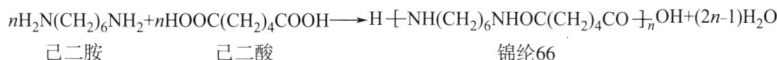

$$n\mathrm{H_2N(CH_2)_6NH_2} + n\mathrm{HOOC(CH_2)_4COOH} \longrightarrow \mathrm{H}\!\!+\!\!\mathrm{NH(CH_2)_6NHOC(CH_2)_4CO}\!\!+\!\!{}_n\mathrm{OH} + (2n\!-\!1)\mathrm{H_2O}$$
己二胺　　　　　　己二酸　　　　　　　　　　　锦纶66

聚合物的相对分子质量一般控制在2万~3万。

锦纶66缩聚物的纺丝及后加工与锦纶6基本相同，只是锦纶66中低分子化合物含量较少，一般小于1%，因此在后加工中可省去萃取、洗涤、干燥等工序。

锦纶生产以长丝为主，锦纶长丝经拉伸加捻后，可制成弹力丝。生产弹力丝采用假捻法，锦纶长丝在一台机器上一次完成加捻、热定型、退捻3个过程，制得弹力丝，如图1-5-7所示。用弹力丝制成的弹力纱具有很高的弹性和耐磨性，主要用于针织品，如手套、袜子、运动衣、弹力衫等。

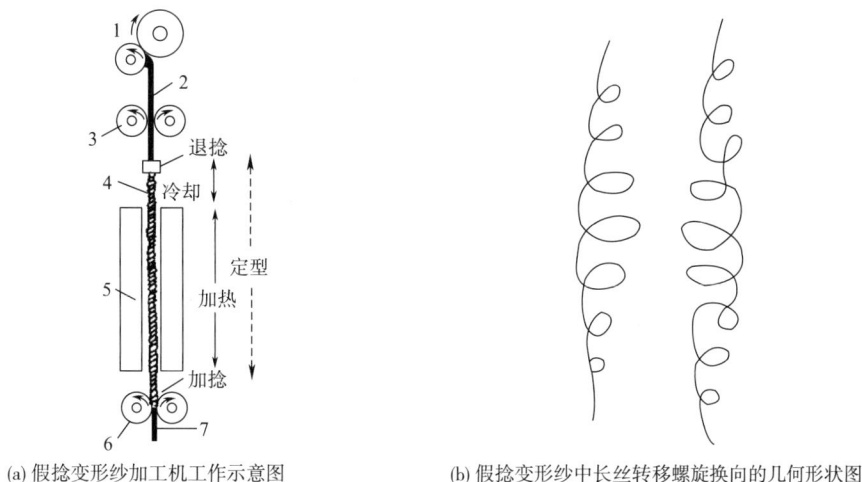

(a) 假捻变形纱加工机工作示意图　　　　　(b) 假捻变形纱中长丝转移螺旋换向的几何形状图

图1-5-7　假捻法加工示意图

1—卷取筒子　2—变形纱　3—输出辊　4—加捻管　5—加热器　6—喂入辊　7—原纱

二、锦纶的结构

锦纶的形态结构与普通涤纶相似，在显微镜下观察，纵向光滑，横截面接近圆形。

锦纶的大分子主链是由碳原子和规律相间的氮原子构成，主链上无侧基，容易形成结晶。相邻大分子间和大分子内部可借羰基和亚氨基生成氢键。

锦纶的聚集态结构也与涤纶相似，为折叠链和伸直链晶体共存的体系。

由于锦纶大分子易形成氢键，故其比涤纶分子容易结晶，常规速度纺丝的初生涤纶是无结晶的，而锦纶66在纺丝过程中即结晶，锦纶6在纺丝后的放置过程中发生结晶。在后加工中，锦纶受到拉伸和热处理，使纤维的取向度大大提高，进一步形成结晶。锦纶的结晶度为50%~60%，最高可达70%。

在冷却成型和拉伸过程中，由于纤维内外所受的温度不一致，使锦纶具有皮芯结构，一般皮层较为紧密，取向度较高而结晶度较低，芯层则取向度较低而结晶度较高。

三、锦纶的性能

锦纶与涤纶都具有良好的结晶性，两者在热性能、力学性能等方面有许多相似之处。

1. 热性能

锦纶和涤纶一样，也是一种热塑性纤维。在上节讨论中已知，锦纶的耐热性较好而热稳定性较差。锦纶的热性能见表1-5-3。

表1-5-3　锦纶的热性能

热性能		锦纶6	锦纶66
玻璃化温度/℃		50~75	40~60
软化点/℃		160~180	235
熔点/℃		215~220	250~265
定形温度/℃	热空气	190	220
	蒸汽	127	130
最高耐熨烫温度/℃		150	180
最高耐洗涤温度/℃	采用热空气定形	30	60
	采用蒸汽定形	72	90
最高安全使用温度/℃		90~95	128~130

锦纶的热稳定性不太好。进行热处理时，若无氧气存在，锦纶的强度损失很小。在隔绝空气的情况下，锦纶可被熔融而不发生明显的降解，它发生明显热裂解的温度为300~315℃。在100℃以下有氧气和水分存在时，锦纶所受到的氧化作用也不明显，它在空气中的最高使用温度是100~110℃，高于120℃时该纤维即发生明显的氧化裂解，强度损失明显，150~185℃时，裂解变得极为迅速。此外，温度升高还会使锦纶收缩，当温度接近熔点时，纤维在严重收缩的同时会泛黄。

2. 力学性能

锦纶的力学性能和涤纶一样，这除了与分子结构有关外，还取决于生产过程中的工艺条件。因此，可以根据需要制成高强（0.96cN/tex）低伸（18%）或低强（0.47cN/tex）高伸（45%）的纤维。图1-5-8为常见合成纤维的应力—应变曲线。

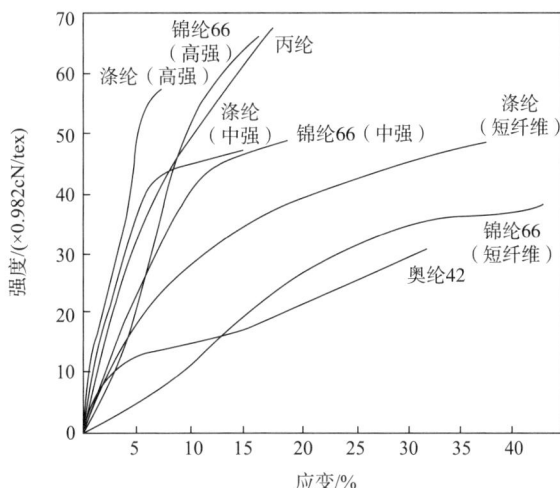

图1-5-8　常见合成纤维的应力—应变曲线

锦纶的优点是强度高。锦纶短纤维的强度为0.41～0.60cN/tex，一般纺织用长丝的强度为0.43～0.65cN/tex，特殊用途的高强力丝的强度可达0.75～1.4cN/tex。锦纶大分子具有较高的柔性，分子间又有许多氢键，在纺丝过程中受到拉伸时，可大大提高取向度和结晶度，因此锦纶的强度比涤纶高。高强度的锦纶是用于制作绳索、渔网之类的好材料。但锦纶在湿态时的强度稍有降低，一般情况下其湿态强度损失10%～15%。

锦纶的另一优点是回弹性好。锦纶大分子结构中具有大量的亚甲基（—CH_2—），在松弛状态下，纤维大分子易处于无规则的卷曲状态，当受外力拉伸时，分子链被拉直，长度明显增加。外力取消后，由于氢键的作用，被拉直的分子链重新转变为卷曲状态，表现出高伸长率和良好的回弹性。试验表明，当锦纶的伸长率为3%～6%时，其回弹率为100%；伸长率为15%时，回弹率为82.6%。在所有的天然纤维及化学纤维中，锦纶的回弹性最高。

由于锦纶的强度高、回弹性好，所以锦纶是所有天然纤维和合成纤维中耐磨性最好的纤维。它的耐磨性比羊毛纤维高20倍，比棉纤维高10倍，适合做袜子、手套等经常受到摩擦的纺织品。若与其他纤维混纺，可提高织物的耐磨性。

3. 化学性能

锦纶的耐碱性较强，室温下50%氢氧化钠溶液对它没有影响，在85℃的10%氢氧化钠溶液中浸渍10h，纤维强度只降低5%。锦纶对其他碱及氨水也很稳定。

酸可使锦纶大分子中的酰胺键水解，引起纤维聚合度的降低。在100℃以下水解作用不显著，当温度超过100℃时，水解反应逐渐显著。因此锦纶对酸是不稳定的，对浓的强无机酸尤为敏感。在常温下，质量分数大于10%的硝酸、7%的盐酸、20%的硫酸都能使锦纶发生溶解。有机酸对锦纶的作用比较缓和，草酸、乳酸等较强的有机酸对锦纶有一定影响，甲酸和醋酸对锦纶有膨化作用。

锦纶对氧化剂的稳定性较差。次氯酸钠、双氧水等都能引起纤维大分子链的断裂，使纤维强度降低。用这些氧化剂进行漂白后也易使织物变黄，所以锦纶织物如需要漂白时，一般多采用还原型漂白剂。

4. 吸湿性和染色性

锦纶属于疏水性纤维。因其大分子中含有极性的酰胺基，故吸湿性比涤纶、腈纶要高。但由于酰胺基在锦纶大分子中所占比例不大，同时酰胺基也不是一个亲水性很强的基团，所以锦纶的吸湿性并不太高。在标准状态下，锦纶和其他纤维吸湿率的比较见表1-5-4。

表1-5-4 锦纶与其他纤维吸湿率的比较（相对湿度65%，温度200℃）

纤维	吸湿率/%	纤维	吸湿率/%
普通棉	7～8	蚕丝	10
丝光棉	12	锦纶66	4.2
黏胶纤维	12～13	锦纶6	4
醋酯纤维	6	涤纶	0.4
羊毛	14	腈纶	0.9～2.0

锦纶吸湿后也会引起纤维的膨化，与一般纤维不同的是，锦纶膨化的异向性很小，纵向与横向的膨化几乎相同，这可能是锦纶的皮层结构限制了截面方向的膨化。

由于锦纶有一定的吸湿性，所以在合成纤维中属于容易染色的。从锦纶分子结构上看，大分子上含有相当数量的亚甲基疏水链，因此可采用疏水性的分散染料染色。另外，锦纶大分子的两端含有氨基和羟基，在酸性介质中带有正电荷，可用酸性染料染色，在碱性介质中带有负电荷，可用阳离子染料染色。

5. 其他性能

锦纶的相对密度为1.04～1.14，比棉花轻35%，比黏胶纤维轻25%。锦纶的保形性不好，做成的服装不如涤纶挺括，易于变形。锦纶的耐光性不好，长时间的日光照射会使织物泛黄，而且强度下降。锦纶的燃烧性能与涤纶相似，只是因为含有酰胺基，燃烧时带有氨的臭味。

第四节 腈纶

腈纶（PAN）是我国市场上聚丙烯腈纤维（polyacrylonitrile fiber，acrylic fiber）的商品名称，通常由85%以上的丙烯腈和其他单体的共聚物组成。如共聚物中丙烯腈的含量在

35%～85%，则称为改性腈纶。

腈纶是合成纤维的主要品种之一，产量仅次于涤纶和锦纶。腈纶质轻保暖，弹性较好，许多性能极似羊毛纤维，故被称为"合成羊毛"。在我国腈纶已成为重要的仿毛纺织材料，用途十分广泛。毛纺工业中以腈纶为原料制成的纺织品有绒线、绒毯、人造毛皮、纯腈纶或腈纶混纺面料、装饰品及针织产品等。

一、腈纶的组成

腈纶是以丙烯腈为主要组分的共聚物。纯聚丙烯腈的聚合物纺丝困难、力学性能差、染色不佳，故不利于染整加工及服用的要求。为改善腈纶的性能，常在聚合时以丙烯腈为主，加入其他单体与之共聚，使上述缺点得到改善。

国内生产的腈纶基本上采用三种单体进行共聚，第一单体为丙烯腈，它是组成聚丙烯腈纤维的主体；第二单体通常为含酯基的乙烯基，它可破坏聚丙烯腈大分子的规整性，降低大分子间作用力，改善纤维的手感和弹性；第三单体为染色单体，它用于提供染色基团，改善纤维的染色性和亲水性。

能与丙烯腈共聚的第二、第三单体很多，这三种单体在共聚分子链上的分布也是随机的。当共聚单体的品种和用量不同时，可得到不同的聚丙烯腈纤维。不同的生产厂商提供的聚丙烯腈纤维的化学组成也有差别。表1-5-5为主要聚丙烯腈纤维的商品名称和化学组成。

表1-5-5　主要聚丙烯腈纤维的商品名称和化学组成

商品名称	化学组成		
	第一单体	第二单体	第三单体
腈纶（兰州产）	丙烯腈	丙烯酸甲酯	衣康酸钠盐
腈纶（上海金山产）	丙烯腈	丙烯酸甲酯	丙烯磺酸钠
爱克斯纶（日本产）	丙烯腈	丙烯酸甲酯	甲基丙烯磺酸
奥纶42（美国产）	丙烯腈	丙烯酸甲酯	苯乙烯磺酸钠
开司米纶（日本产）	丙烯腈	丙烯酸甲酯	异丁烯磺酸钠
阿克利纶（美国产）	丙烯腈	醋酸乙烯酯	乙烯吡啶
特拉纶（德国产）	丙烯腈	甲基丙烯酸甲酯	甲基丙烯磺酸

二、腈纶的生产

1. 纺丝原液的制备

制备丙烯腈共聚物的纺丝原液，常采用溶液聚合法，即在硫氰酸钠水溶液中，以偶氮二异丁腈为引发剂，使三种单体的双键打开，发生聚合反应。

以丙烯腈、丙烯酸甲酯和丙烯磺酸钠为原料进行三元共聚的总反应可表示如下。

丙烯腈　　丙烯酸甲酯　丙烯磺酸钠

$$mCH_2=CH+nCH_2=CH+xCH_2=CH \xrightarrow{\text{引发聚合}}$$

$$\begin{array}{ccc} | & | & | \\ CN & C=O & CH_2-SO_3Na \\ & | & \\ & OCH_3 & \end{array}$$

$$\sim\!\!-CH_2-CH-CH_2-CH-CH_2-CH-CH_2-CH-CH_2-CH-CH_2-CH-CH_2-CH-CH_2-CH-\!\!\sim$$

$$\begin{array}{cccccccc} | & | & | & | & | & | & | & | \\ CN & CN & C=O & CH_2SO_3Na & CN & C=O & CN \\ & & | & & & | & \\ & & OCH_3 & & & OCH_3 & \end{array}$$

三元共聚物(3种单体在大分子链中的排列是随机的)

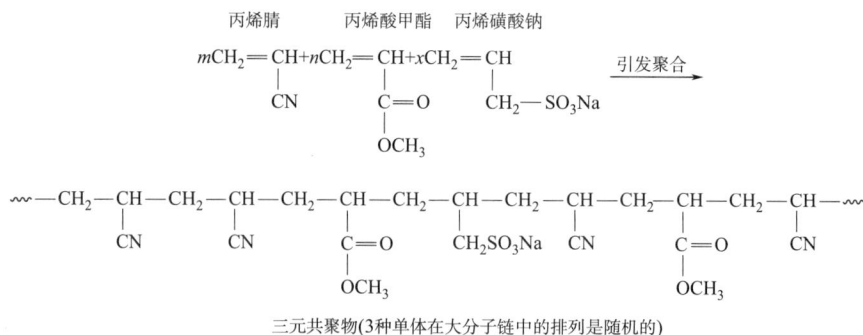

聚合后所得溶液可直接用于纺丝。

2. 纺丝方法

聚丙烯腈纤维一般采用湿法纺丝或干法纺丝,两种方法的主要优缺点比较见表1-5-6。

表1-5-6　干法纺丝与湿法纺丝的优缺点比较

湿法纺丝	干法纺丝
纺丝速度较低,第一导辊线速度为5～10m/min,最高不超过50m/min	纺丝速度较高,一般为100～300m/min,最高可达600m/min
喷丝头孔数可达10万孔以上	喷丝头孔数少,一般200～300孔
适于纺短纤维,纺长丝效率低	适于纺长丝,也可纺短纤维
成型过程较剧烈,纤维内易形成孔洞	成型过程缓和,纤维内部结构均匀
纤维的物理—机械性能及染色性能不如干法好	纤维物理—机械性能及染色性能较好
似羊毛,适宜做仿毛织物	长丝外观手感似蚕丝,适宜做轻薄仿真丝绸织物
溶剂回收较复杂	溶剂回收简单
纺丝设备较简单	纺丝设备较复杂
溶剂挥发较多,劳动条件较差	设备密闭性要求高,溶剂挥发少,劳动条件较好
占地面积较大	流程紧凑,占地面积小
有多种溶剂可供选择	只能使用二甲基甲酰胺(DMF)为溶剂

湿法纺丝是聚丙烯腈纤维采用的重要纺丝方法。在湿法纺丝过程中,纺丝原液由喷丝孔挤出进入凝固浴,使纤维凝固成型,称为初生纤维或初生丝。

干法纺丝也是聚丙烯腈纤维采用的纺丝方法之一,其凝固介质为热空气。腈纶的干法纺丝发展较快,目前由干法纺丝得到的纤维产量占总产量的25%～30%。

腈纶的初生纤维由于其内部含有溶剂,凝固得不够充分,故必须经过一系列后处理工艺。腈纶长丝的后处理主要包括拉伸、水洗、上油、干燥、热定形等。腈纶短纤维除上述后处理外,还要进行卷曲、切断等工序。腈纶短纤维可制成棉型、毛型或中长纤维。

三、腈纶的结构

1. 腈纶的形态结构

在光学显微镜下观察,腈纶的纵向表面有沟槽,呈树皮状。湿法纺丝生产的腈纶,其横截面基本上是圆形的，而干法纺丝生产的腈纶的横截面呈哑铃形，如图1-5-9所示。

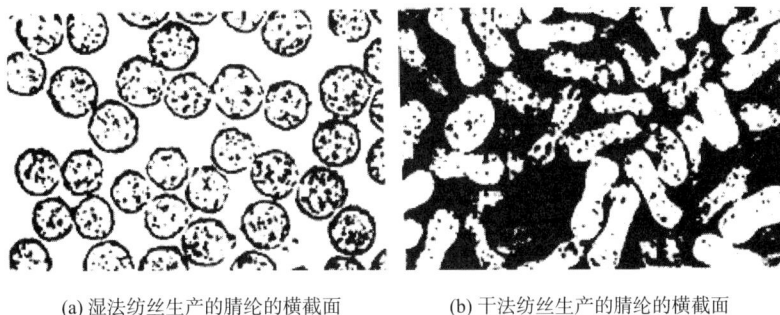

(a) 湿法纺丝生产的腈纶的横截面　　　　　(b) 干法纺丝生产的腈纶的横截面

图1-5-9　腈纶的横截面形态

湿法纺丝生产的腈纶，其结构中存在微孔。共聚体的组成、纺丝成型条件等会影响纤维内部微孔的形成与状态，而微孔的大小和多少又会影响到纤维的力学性能及染色性能。

为使腈纶的形态结构与羊毛纤维更加类似，可生产具有双边结构的腈纶复合纤维，它是由两种不同的丙烯腈共聚物同时从喷丝头喷出，凝固成丝。由于复合纤维中两种共聚物的内应力不同，受热时收缩性不一样而形成卷曲，这与羊毛的正、偏皮质结构相似，故可使腈纶具有类似羊毛卷曲的性质。

2. 腈纶的分子结构

腈纶的主要组成物质为丙烯腈，所以腈纶大分子以聚丙烯腈表示：

$$\text{--}CH_2\text{--}CH\text{--}_n$$
$$|$$
$$CN$$

从以上结构式可以看出，腈纶大分子为碳链结构，化学稳定性较好；腈纶大分子的规整性好，分子结构紧密；大分子链中的氰基（—CN）为强极性基团，碳、氮原子之间的电子云密度分布极不均习，使腈纶大分子间形成氢键，并通过氰基的偶极间相互作用，如图1-5-10所示。

腈纶大分子间依靠范德瓦耳斯力、氢键、偶极作用结合，形成很强的分子间力，同一大分子上的氰基因极性相同而互相排斥，相邻大分子间因氰基极性相反而互相吸引，这

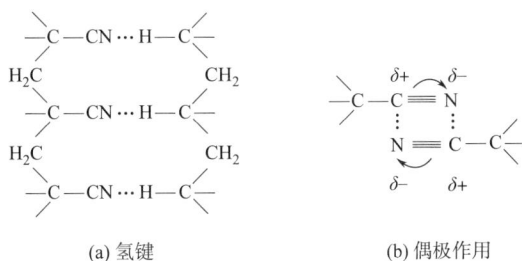

(a) 氢键　　　　　　　　　(b) 偶极作用

图1-5-10　腈纶大分子间的相互作用力示意图

样使大分子链呈螺旋状构象，第二、第三单体的加入使这种构象更不规则，这使得腈纶在分子结构上类似羊毛纤维。

3. 腈纶的超分子结构

腈纶的超分子结构与涤纶、锦纶不同，由于大分子链呈不规则的螺旋状构象，无法整齐排列，不易形成结晶，但它的无定形区在拉伸过程中，排列规整度又较高。所以腈纶大分子为侧向二维有序而纵向无序的结构，又称准晶态结构，可用侧序度的概念来描述。按照腈纶超分子结构中大分子排列的规整度，分为高侧序度、中侧序度和低侧序度三部分，高侧序度部分又称准晶区或蕴晶区。

四、腈纶的性能

1. 热性能

腈纶与涤纶、锦纶间属热塑性纤维，但准晶态结构使其具有以下特性。

（1）具有两个玻璃化温度。由于聚丙烯腈的准晶态结构，使其具有两个玻璃化温度：低侧序区 T_{g1} 为 $80 \sim 100℃$，高侧序区 T_{g2} 为 $140 \sim 150℃$。加入第二、第二单体后，降低了纤维的侧序度，使两个玻璃化温度相互接近，为 $75 \sim 100℃$。当染整加工中有较多水分或膨化剂存在时，T_g 为 $75℃$ 左右。玻璃化温度对腈纶制品的染整加工有着重要意义，染色和印花时的固色温度应控制在玻璃化温度以上。

（2）耐热性较好。聚丙烯腈大分子没有明显的结晶区和无定形区，所以没有明显的熔点。它的软化温度范围较宽（$190 \sim 240℃$），故腈纶的耐热性较好。在 $150℃$ 热空气中短时间放置，腈纶强度不受影响，放置20h，其强度下降不到5%。不同的纤维品种，其耐热性能有所不同。

（3）热稳定性较差。腈纶准晶态结构造成纤维的热稳定性较差。利用这一特点，可制造出人们喜爱的"膨体纱"。以下是制造膨体纱的简要原理及过程。

在玻璃化温度以上对腈纶进行拉伸时，螺旋状大分子能沿受力方向运动，使得纤维伸长，此时纤维内大分子处于能量较高的不稳定状态，若在伸长状态下将纤维迅速冷却固定，会使纤维内具有较大的内应力，纤维有恢复到原来稳定状态的趋势。这种纤维在高温下且不受外力作用时，收缩变形较大。这种在热的作用下能产生较大收缩的纤维称为高收缩纤维。

将高收缩纤维A与普通纤维B按一定比例混合纺纱，混纺纱在 $100℃$ 以上蒸汽或沸水中进行热松弛处理，高收缩纤维就会收缩而迫使普通纤维弯曲，呈波浪状浮在纱线表面（图1-5-11），使纱线变得蓬松、丰满、柔软，人们称之为"膨体纱"。

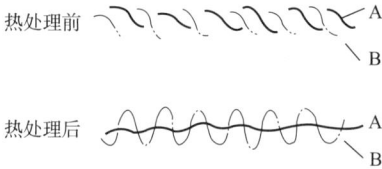

热处理前

热处理后

图1-5-11　膨体纱热处理前后的形态

2. 力学性能

（1）强度。腈纶的强度虽不如涤纶和锦纶，但比羊毛纤维要好，其强度高出羊毛纤维的 $1 \sim 2.5$ 倍。所以用腈纶做的服装、毛线比纯毛的结实。毛型腈纶的干态断裂强度为 $17.6 \sim 30.87cN/tex$，棉型腈纶的干态断裂强度为 $29.1 \sim 31.75cN/tex$，湿态断裂强度为干态断裂强度的80%～100%。腈纶在湿态下强度降低的原因，是由于腈纶中的第三单体含有亲水性基团，可使纤维在水中发生一定的溶胀，造成大分子间作用力减弱。

（2）伸长率。腈纶的伸长率很高，干态伸长率一般为25%～46%，毛型腈纶的伸长率应高于棉型腈纶，纤维的伸长率可以通过纺丝后的拉伸、热处理工艺加以控制。其伸长率要求和所混纺的纤维相近似，以使混纺纱线能均匀承受应力。

（3）模量。腈纶的初始模量为中等水平，比涤纶低但比锦纶短纤维高，因此它的硬挺度介于这两种纤维之间。

（4）弹性。腈纶的回弹性也相当高，当伸长3%时，除去外力后在1min内可回复至90%～95%。腈纶的回弹性在伸长较小时与羊毛相差不大，如当伸长2%时，腈纶回弹率为92%～99%，羊毛为99%。在服用试验中，羊毛多次循环负荷的回弹性优于腈纶，穿着不易变形。为提高腈纶的弹性，多采用复合法纺丝，用两种收缩性质不同的组分纺制复合纤维，以获得永久性的螺旋卷曲纤维。

3. 吸湿性和染色性

腈纶的吸湿性很小，在温度20℃、相对湿度65%的标准状态下，腈纶的吸湿率为1.0%～5%。加入第二、第三单体后，降低了纤维的规整性，使纤维带有亲水性基团—COONa，吸湿性有很大改善。

均聚的聚丙烯腈纤维很难染色，引入含有亲染料基团的第三单体与丙烯腈共聚，可为染料提供"染座"，改善纤维对染料的亲和力，大大提高染料与纤维的结合能力。

4. 化学性能

聚丙烯腈纤维属于碳链高分子化合物，其大分子主链对酸、碱等化学试剂的稳定性都比较好，一般浓度的酸和碱对腈纶的降解影响不大，但是能使其侧氨基发生水解。氰基在酸、碱的催化作用下，先水解生成酰胺基，进一步水解生成羧基。在水解反应中，氢氧化钠的催化作用比硫酸强，水解的结果使聚丙烯腈转变为可溶性的聚丙烯酸而溶解。如在50g/L的氢氧化钠溶液中沸煮5h，纤维将全部溶解。水解反应过程如下：

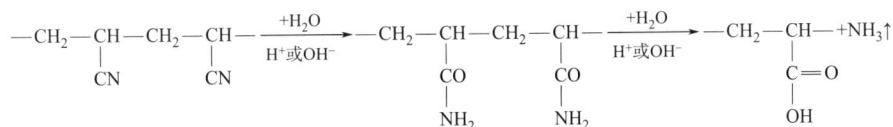

$$—CH_2—CH—CH_2—CH— \xrightarrow[H^+或OH^-]{+H_2O} —CH_2—CH—CH_2—CH— \xrightarrow[H^+或OH^-]{+H_2O} —CH_2—CH—+NH_3\uparrow$$

腈纶在碱中的稳定性要比在酸中差得多，碱性稍强一些的试剂除能使纤维水解外，还能使纤维的色泽发生变化，这是因为聚丙烯腈碱性水解时释出的NH_3与未被水解的氨基反应生成脒基，而该基团是发色基团，产生黄色。故腈纶在强碱条件下处理容易发黄，且色泽变暗。化学反应如下：

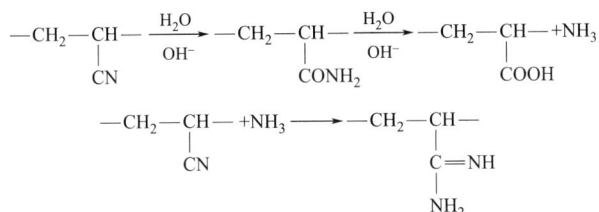

$$—CH_2—CH— \xrightarrow{H_2O}{OH^-} —CH_2—CH— \xrightarrow{H_2O}{OH^-} —CH_2—CH—+NH_3$$

$$—CH_2—CH—+NH_3 \longrightarrow —CH_2—CH—$$

适当控制上述反应中氰基的水解程度，使腈纶大分子上带有一定量的酰胺基、羧基，可改变腈纶的化学性能，提高其吸湿性和染色性。

聚丙烯腈纤维对常用的氧化性漂白剂稳定性良好，在适当的条件下，使用亚氯酸钠、过氧化氢对其进行漂白。对常用的还原剂，如亚硫酸钠、亚硫酸氢钠、保险粉等也较稳定，所以与羊毛混纺时可用保险粉漂白。

聚丙烯腈纤维一般不溶于醇、醚、酯、酮及油类等溶剂，但可溶于二甲基酰胺、二甲基亚砜。

5. 其他性能

腈纶的相对密度与锦纶接近，一般为1.12～1.17，约比羊毛轻10%，比棉轻20%。经适当热处理后的腈纶，随纤维取向度的增加，相对密度会增至1.2～1.24。

腈纶的耐光性与耐气候性，除含氟纤维外，是目前一切天然纤维和化学纤维中最好的。试验证明，将下列几种纤维同样放在室外暴晒一年，锦纶、黏胶纤维及蚕丝的强度完全破坏，棉布强度下降95%，而腈纶的强度仅下降20%。因此，腈纶特别适宜制作各种室外用品，如按不同比例与棉、羊毛或黏胶纤维混纺制成各种花呢、哔叽、人造毛皮、工作服、军用帐篷、窗帘、伞布等。

腈纶还具有优良的防霉、抗菌、防虫蛀的性能。有试验表明，腈纶在湿热（31℃，对湿度97%）土壤中埋半年没有发生变化，而羊毛和棉帆布仅埋10天就完全腐烂了。腈纶具有优良耐光、耐气候性及防霉、防腐性，是因为大分子中含有氨基。棉纤维如采用丙烯腈接枝或氰乙基化处理后，也可大大改善其耐光、防霉、防腐性能。

腈纶靠近火焰即发生收缩，接触火焰迅速燃烧，离开火焰继续燃烧，燃烧时冒黑烟。由于腈纶在熔融前已发生分解，形成的熔珠是松而脆的黑色小球，易碎。腈纶燃烧时会产生NO、NO_2、HCN以及其他氧化物等有毒物质，在大量纤维燃烧时应特别注意。腈纶织物不会由于火星（烟灰、电火花等）溅落在其上而熔成小孔。

第五节　丙纶

丙纶（PP）是聚丙烯纤维（polypropylene fiber）的国内商品名称。丙纶于1957年开始工业化生产，由于其吸湿性和染色性很差，因此主要用它生产捆扎用的聚丙烯膜裂纤维，并由薄膜原纤化制得纺织用纤维及地毯用纱等产品。进入20世纪70年代，纺丝工艺及设备的改进，非织造布的出现和迅速发展，使聚丙烯纤维的发展与应用有了广阔的前景。聚丙烯的产品主要有普通长丝、短纤维、膜裂纤维、膨体长丝、烟用丝束、工业用丝、纺粘和熔喷法非织造布等。

一、丙纶的生产

聚丙烯的分子结构有全同、间同和无规三种，目前生产的丙纶为全同立构聚合物。聚丙烯的合成是以丙烯为原料，在烷烃溶液中进行定向聚合，用三氧化铁或卤化烷基铝为催化剂，聚合温度为50～70℃，在5～10个大气压下进行，反应表示如下：

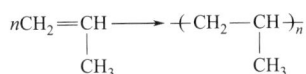

$$nCH_2=CH \longrightarrow \{CH_2-CH\}_n$$
$$\quad\quad\ |\quad\quad\quad\quad\quad |$$
$$\quad\quad CH_3\quad\quad\quad\quad CH_3$$

丙纶短纤维的聚合度一般控制在1000～2000，长丝聚合度可提高到5000左右。聚合物的等规度一般为85%～97%，熔点为164～170℃。

聚丙烯多采用熔体纺丝法制取长丝和短纤维，纺丝过程与涤纶、锦纶相似。由于成纤聚丙烯相对分子质量大，使熔体黏度较高，流动性差，对喷丝不利，所以纺丝温度要比聚丙烯熔点高50～130℃，即实际熔体温度为260～300℃

纺丝后的长丝制品要经过拉伸、加捻和热定形。丙纶在冷却成型过程中的结晶速度较快，故拉伸时要严格控制温度，冷却温度要比涤纶和锦纶低，以防止其结晶度过大，使后加工时牵伸难以进行。因为丙纶的吸湿性很低，对湿度条件要求可不像锦纶那样严格。纺丝后进行拉伸、热定形等，再按棉型或毛型纤维的不同要求，切成短纤维。

二、丙纶的结构

1. 丙纶的形态结构

聚丙烯纤维通常由熔体纺丝法制成，一般情况下，纤维纵向光滑、无条纹，横截面呈圆形。也有纺制成异形纤维和复合纤维的。

2. 丙纶的分子结构

从构型上看，全同聚丙烯为有规则的重复单元，—CH_3侧基在分子链受拉伸时有规律地排列于主链平面的同一侧或两侧，具有较高的立体规整性，这种规则的结构很容易结晶。从全同聚丙烯的X射线衍射图像分析，它的分子链呈立体螺旋构型。

3. 丙纶的晶体结构

全同聚丙烯的结晶结构有五种，即α、β、γ、δ和拟六方变体。最常见的晶体属于单晶体系（α变体），其晶格参数为：$a=0.665nm$，$b=2.096nm$，$c=0.650nm$，c轴由3个基本链节组成，$\beta=99°12'$，如图1-5-12所示。

丙纶的超分子结构可采用"折叠链缨状微原纤"理论及模型来解释。

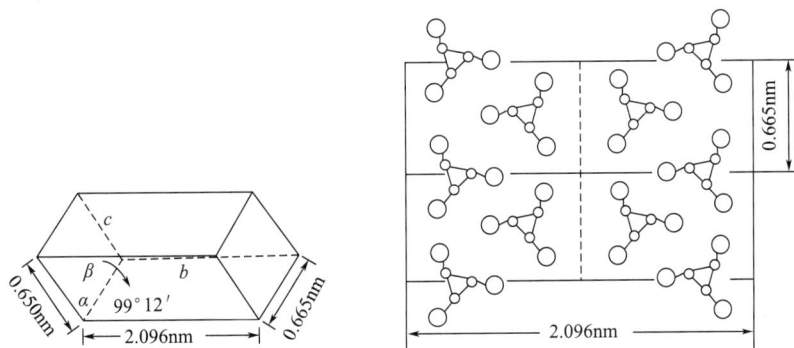

图1-5-12 全同聚丙烯α变体的晶体结构图

丙纶初生纤维的结晶度为33%～40%，经拉伸后，结晶度上升至37%～48%，再经热处理，结晶度可达65%～75%。

三、丙纶的性能

1. 热性能

丙纶是一种热塑性纤维，其热性能参数见表1-5-7。

表1-5-7 丙纶的某些热性能参数

项目	数值	项目	数值
玻璃化温度/℃	−15	比热容/［J/（g·℃）］	1.88
熔点/℃	165～173	导热率/［J/（cm·℃·s）］	8.8×10^{-4}
软化点/℃	比熔点低10～15℃	体膨胀系数/K^{-1}	3.5×10^{-4}

丙纶的熔点较低（165～173℃），软化点比熔点要低10～15℃，故其耐热性差，在染整加工及使用过程中，应注意控制温度，以免发生塑性形变。

丙纶与锦纶相似，在高温时容易氧化，故纤维的热稳定性较差。尤其在高温并有空气存在时，纤维的氧化裂解加快，聚合度降低，强度损失明显。这种氧化作用在丙纶的纺丝过程中、纤维的加工和使用过程中都会发生，直接影响到纤维的结构和性能。为提高丙纶的稳定性，在纺丝时可加入一定量的抗氧化剂，常用的有苯酚、芳香胺的衍生物和含硫化合物（如硫醇、硫醚、磺酰苯酚、二硫代磷酸盐等）。

2. 力学性能

（1）强度。丙纶具有很好的强度，一般丙纶短纤维的强度为35.28～52.92cN/tex，如果纺制成高强度聚丙烯纤维，其强度可达74.97cN/tex，这一数值比涤纶和锦纶要高。丙纶的吸湿性极低，因此，干、湿强度和断裂强度几乎相等，这一点更优于锦纶，特别适于制作渔网、绳索和滤布等。

丙纶的强度随温度的降低而增加，随温度的升高而下降，其下降的程度超过了锦纶。在室温下，设丙纶和锦纶66的强度为100%，纤维的强度与温度的变化关系如图1-5-13所示。由于丙纶的熔点低，高温时强度下降更多，在染整加工时应引起足够重视。

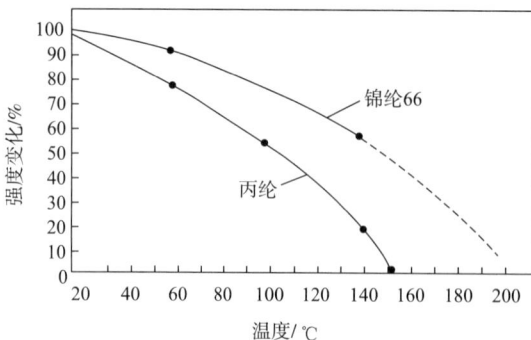

图1-5-13 丙纶和锦纶66的强度和温度关系曲线

（2）伸长率。腈纶的断裂伸长率可根据不同产品的要求，在15%～35%进行选择。丙纶的强度和伸长率与加工工艺有关，丙纶的主要力学性能见表1-5-8。

表1-5-8 丙纶的主要力学性能

项目	长丝	短纤维
干、湿强度/（cN/tex）	0.55～0.76	0.43～0.66
断裂伸长率/%	15～35	20～35
初始模量/（cN/tex）	46～136	23～63
沸水收缩率/%	0～5	0～5
回潮率/%	<0.03	<0.03

（3）弹性。丙纶的弹性很好。其弹性模量可达793.8cN/tex，比锦纶高，故在较小形变时丙纶的急弹性较好。在伸长3%时，丙纶的弹性回复率可达96%～100%。因此丙纶做的服装不仅结实耐穿，而且外观挺括、尺寸稳定。丙纶、锦纶66和腈纶的形变回复性能比较见表1-5-9。

表1-5-9 丙纶、锦纶66和腈纶的形变回复性能比较

纤维品种		丙纶	锦纶66	腈纶
伸长率5%	急弹性回复率/%	38.4	17.2	20.8
	缓弹性回复率/%	61.6	82.8	73.7
	永久变形率/%	0	0	5.5
伸长率10%	急弹性回复率/%	29.4	14.7	11.8
	缓弹性回复率/%	64.2	19.9	56.4
	永久变形率/%	6.4	5.4	31.8
伸长率15%	急弹性回复率/%	27.5	14.4	9.2
	缓弹性回复率/%	61.7	71	49.0
	永久变形率/%	10.8	14.6	41.8

（4）耐磨性。丙纶的强度高，断裂伸长率和弹性都好，因此，丙纶的耐磨性也很好，尤其是耐反复弯曲的寿命长，优于其他的合成纤维，在断裂角为175°时可经受反复挠曲20万次。用30%丙纶与棉纤维混纺，可使织物的耐曲磨性提高10倍。丙纶的耐平磨性能也很好，与涤纶接近，但比锦纶差一些。丙纶是制造耐摩擦的绳索和袜子的良好材料。

3. 吸湿性和染色性

在合成纤维中，丙纶的吸湿性和染色性是最差的。由于聚丙烯大分子上没有亲水性基团，纤维的微结构紧密，所以它的吸湿率低于0.03%，可以说在标准状态下几乎不吸湿。因此用于服装面料时，丙纶常与吸湿性高的纤维混纺。

丙纶大分子的规整性高，结晶度高，且丙纶大分子中无极性基团和可反应基团，缺乏染座，故染色很困难，普通的染料均不能使其着色。采用分散染料染色，只能得到很淡的颜色，且染色牢度很差。改善丙纶染色困难的方法有以下三种：

（1）采用与丙烯酸、丙烯腈等共聚或接枝共聚的方法，在聚合物上引入可接受染料的基团；

（2）当熔体挤出时，在聚合物中混入少量染料接受剂，一般引入有机金属化合物或阳离子有机氮化合物；

（3）在纺丝时加入着色剂，包括熔体着色和母粒着色。

4. 化学性能

丙纶是碳链高分子化合物，且不含极性基团，耐酸、碱及其他化学药剂的稳定性优于其他合成纤维，但丙纶对有机溶剂的稳定性稍差（表1-5-10）。

表1-5-10　丙纶的化学稳定性（20℃）

试剂		浓度/%	保留强度（4个月后）/%
酸	盐酸	34	100
	硝酸	66	100
	硫酸	94	100
	蚁酸	75	100
	冰醋酸	—	100
碱	氢氧化钾	40	90
	氢氧化钾	40	90
溶剂	三氯乙烯		80
	四氯乙烯		80
	甲苯		85
	苯	—	80
氧化剂	次氯酸钠	5（有效氯）	85
	过氧化氢	12（体积分数）	90

5. 其他性能

（1）丙纶的相对密度为0.91，比锦纶轻20%，比涤纶轻30%，比黏胶纤维轻40%，只有棉花质量的3/5，是纺织纤维中最轻的，因此丙纶具有质轻、覆盖性好的优点。

（2）丙纶的导热系数很小，保暖性很好。

（3）丙纶的电阻率很高（$7 \times 10^{19} \Omega \cdot cm$），导电率低，具有良好的电绝缘性。

（4）丙纶的耐光性较差，经日光暴晒会发生光敏退化或光氧化作用，使纤维强度下降。为提高其耐光性，纺制纤维时，常在加入抗氧化剂的同时加入紫外线吸收剂，以提高丙纶的抗老化性能。

（5）丙纶耐微生物的侵蚀，不霉不蛀。

（6）丙纶属于可燃性的烃类，但不易燃烧，在火焰中纤维发生收缩、熔化，离开火焰即可自行熄灭。燃烧时，丙纶形成透明硬块，有轻微的沥青味。

第六节　氨纶

氨纶（PU）又叫聚氨酯弹性纤维（polyurethane fiber），其学名为聚氨基甲酸酯（弹性）纤维。其主要厂商的商标名有Lycra（美国杜邦公司）、Dorlastan（德国拜尔公司）等。氨纶由美国杜邦公司于20世纪50年代实现工业化生产。

氨纶具有较高的弹性和伸长率，是生产优质弹性织物的重要纺织原料之一。目前，市场上出现了许许多多的氨纶弹性织物，特别是含氨纶的各种针织品，结构多样，功能各异。由于氨纶具有优异的回弹性能，不但广泛用于纺织工业，而且作为功能材料用于医疗领域。

一、氨纶的生产

1. 聚氨酯嵌段共聚物的合成

聚氨酯嵌段共聚物的合成分两步完成。第一步为预聚合，即用1 mol的聚酯或聚醚与2 mol的芳香族二异氰酸酯反应，生成分子两端含有异氰酸酯基—NCO的预聚物。第二步是用低相对分子质量的、含有活泼氢原子的双官能团化合物作链增长剂，与预聚物继续反应，生成相对分子质量在20000～50000的聚氨酯嵌段共聚物。化学反应如下：

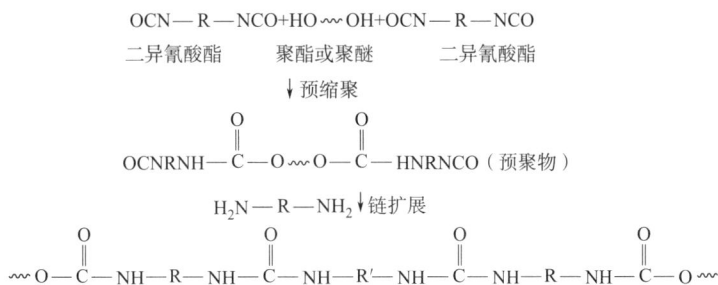

$$OCN—R—NCO+HO\text{～}OH+OCN—R—NCO$$

二异氰酸酯　　聚酯或聚醚　　二异氰酸酯

$$\downarrow \text{预缩聚}$$

$$OCNRNH—\overset{O}{\overset{\|}{C}}—O\text{～}O—\overset{O}{\overset{\|}{C}}—HNRNCO（预聚物）$$

$$H_2N—R—NH_2 \downarrow \text{链扩展}$$

$$\text{～}O—\overset{O}{\overset{\|}{C}}—NH—R—NH—\overset{O}{\overset{\|}{C}}—NH—R'—NH—\overset{O}{\overset{\|}{C}}—NH—R—NH—\overset{O}{\overset{\|}{C}}—O\text{～}$$

2. 纺丝方法

氨纶的纺丝方法有四种，即干法纺丝、湿法纺丝、熔体纺丝和反应纺丝。目前，世界上应用最广的为干法纺丝，其产量约占世界氨纶总产量的80%。

纺丝后得到的初生纤维，特别是由干法纺丝和熔体纺丝得到的初生纤维，表面黏性较大，需采用不同的方法和处理剂对纤维表面进行处理，以降低纤维表面黏性，并改善纤维的润滑性和抗静电性。

针对纤维性能的不同要求还可进行热处理或其他处理，最后可在一般络筒机上将纤维络成筒子。

目前，氨纶丝最细的为0.55tex，最粗的为554.4tex，通常加工的线密度为4.4～180tex。

可以通过改变氨纶的生产原料、生产方法或向纤维中添加某些材料来增加纤维的品种。

3. 氨纶的用途

氨纶可采用裸丝的形式作纺织原料，也可将裸丝加工成包芯纱、包覆纱、合捻线等，以不同的比例与天然纤维、合成纤维及其他纤维混用，生产机织物或针织物。一般在机织物中，氨纶的混用比占织物质量的1%～5%；在针织物中，占比为5%～10%。氨纶可与其他纤维一起织造多种用途的织物，如体操服、游泳衣、滑雪服、球衣、衬裙、短裤、弹力胸罩、束腰带、弹力劳动布、灯芯绒及各种弹力袜等。

二、氨纶的结构

氨纶是以聚氨基甲酸酯为主要组分的嵌段共聚物，其结构式如下：

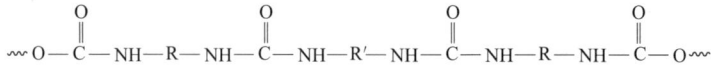

$$\sim O-\overset{\overset{\textstyle O}{\|}}{C}-NH-R-NH-\overset{\overset{\textstyle O}{\|}}{C}-NH-R'-NH-\overset{\overset{\textstyle O}{\|}}{C}-NH-R-NH-\overset{\overset{\textstyle O}{\|}}{C}-O\sim$$

式中：R为芳香二异氰酸酯链；R′为次脂肪族基，如—CH$_2$—CH$_2$—；"$\sim$"为聚酯或聚醚的分子链。

氨纶的嵌段共聚物是由柔性和刚性两种链段组成的。其中柔性链段由非结晶态的聚酯或聚醚组成，占85%以上，常温下分子是卷曲的，为氨纶提供刚柔适中的弹性；刚性链段由结晶态的芳香二异氰酸酯组成，它具有多种极性基团（如脲基、氨基甲酸酯基等），可在大分子链间产生横向交联，赋予纤维一定的强度。氨纶的结构如图1-5-14所示。

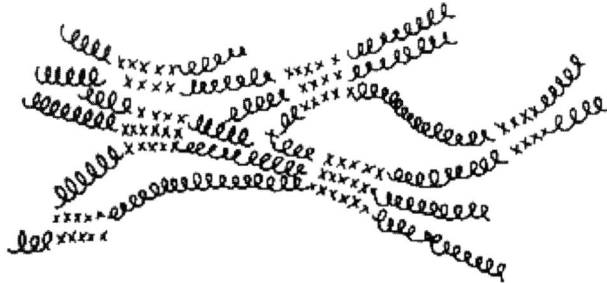

图1-5-14　氨纶结构示意图

在外力作用下，大分子柔性链段的大幅度伸长使纤维产生很大形变，而刚性链段可防止大分子链间的相对滑移，并为回弹提供必要的连接点。

由于氨纶大分子的柔性链段可用聚醚或聚酯组成，故有聚醚型氨纶和聚酯型氨纶两种。氨纶长丝的横截面大部分为狗骨形，一些长丝表面光滑或呈锯齿状。

三、氨纶的性能

（一）耐热性

氨纶的熔点约为250℃，软化温度为175℃，优于橡胶丝，在化学纤维中属耐热性较好的，但不同品种氨纶的耐热性能差异较大。在150℃以上时，纤维变黄、发黏、强度下降。由于氨纶多以包芯纱的状态存在于织物中，因此在热定形过程中可采用较高的温度（180~190℃），但处理时间不得超过40s。

（二）力学性能

1. 强度

氨纶的断裂强度，湿态时为3.5~8.8cN/tex，干态时为4.4~8.8cN/tex，是橡胶丝的3~5倍。当纤维达到最大伸长时，纤维变细，在这个线密度下测出的强度称为有效强度。

氨纶的有效强度可达52.8cN/tex。

锦纶丝、橡胶丝和氨纶丝的有效强度对比如图1-5-15所示。氨纶丝与橡胶丝的强度—伸长率曲线如图1-5-16所示。

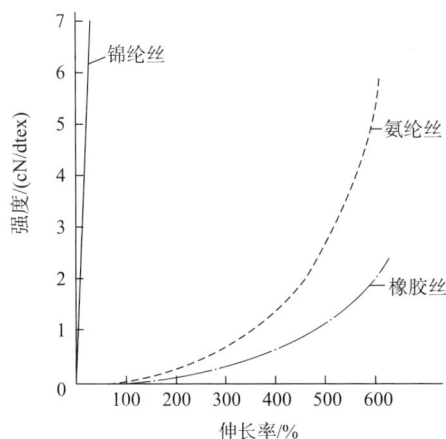

图1-5-15 锦纶丝、橡胶丝和氨纶丝的
有效强度对比曲线图

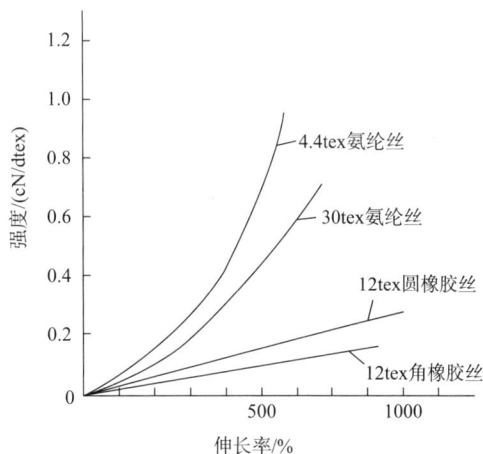

图1-5-16 氨纶丝与橡胶丝的强度—伸长率曲线
1—4.4tex氨纶丝 2—30tex氨纶丝 3—12tex圆橡胶丝
4—12tex角橡胶丝

2. 弹性

氨纶有很大的弹性，其伸长率可大于400%，甚至高达800%。而一般锦纶弹力丝的伸长率在300%左右。氨纶弹力丝的回弹率比锦纶弹力丝好，伸长率为500%时，其回弹率为95%～99%，这是锦纶弹力丝难以达到的。

在合成纤维中，氨纶具有优异的回弹性和伸长率，其弹性的获得与锦纶不同。锦纶的弹性伸长率是受热和高假捻作用的结果，而氨纶的高弹性和伸长率是来自氨纶特殊的大分子结构。聚氨基甲酸酯是一种嵌段聚合物，在弹性纤维中聚氨基甲酸酯的线性嵌段占85%以上，为柔性链段，相对分子质量为1500～3500，通常情况下不结晶，且具有很低的玻璃化温度，在室温下处于高弹态，拉伸时可以有很大的伸长率和优异的回弹性。而弹性纤维中的刚性链段含有多种极性基团，分子间的氢键和结晶起着大分子间的物理交联作用。这种聚合物由结晶的刚性链段和非结晶的柔性链段纵横向连接，结合形成一个具有强大的分子间作用力的大分子网状结构。柔性链段呈无规则的缠结状态，通过拉伸，强迫柔性链段变成有规则的状态，取消外力，刚性链段又使其回复原来的缠结状态。所以氨纶具有高弹力性能和伸长后迅速回复的性能。

（三）化学性能

氨纶的耐化学药品性能见表1-5-11。由表可知，氨纶对一般化学药品具有一定的抵抗性，但对氯较为敏感。尽管一般游泳池中消毒用剂的含氯量较低，但长时间作用能使氨纶降解，使其失去弹性。这是氨纶的主要缺点之一。故在染整加工时推荐使用过硼酸钠、过硫酸钠等含氧型漂白剂。

表1-5-11 氨纶的耐化学药品性能

药品名称	浓度/%	温度/℃	时间/h	物理性能变化	颜色变化
肥皂液	0.5	50	24	无	不变
氯化乙烯	100	室温	0.75	无	不变
四氯乙烷	100	室温	0.75	无	轻微变黄
硫酸	3	90	1	无	不变
烧碱	1	50	24	无	不变
双氧水	3	50	24	无	不变
亚氯酸钠	1	50	6	显著降解	变黄
有效氯	5×10^{-6}	室温	一周	无	不变
汗（酸、碱）	—	50	24	无	不变
海水	100	室温	一周	无	不变

聚醚型氨纶的耐水解性好，聚酯型氨纶的耐碱、耐水解性稍差。

（四）吸湿、染色性能

氨纶的吸湿率为0.3%～1.3%，吸湿率的大小主要取决于纤维原料的配方及组成。氨纶的吸湿性优于涤纶和丙纶。

氨纶的染色性能较好，染色加工主要采用分散染料、酸性染料和少量的活性染料。

（五）其他性能

氨纶的耐疲劳性好。将氨纶与橡胶丝做拉伸收缩疲劳的比较试验，在50%～300%伸长范围内，每分钟拉伸220次，氨纶可承受100万次不断裂，而橡胶丝只能承受2.4万次。此外氨纶还具有良好的耐气候性。

第七节　新型合成纤维

新型合成纤维，一般简称为新合纤。这一名词诞生于20世纪80年代末90年代初的日本纺织行业。

合成纤维在纺织材料中的地位日渐重要，但随着社会的发展，人们对纺织品舒适、美观及功能性的要求日益增长，合成纤维的一系列缺点逐渐凸显。为了改进合成纤维及织物的使用性能，使其不仅具有天然纤维面料的性能，并且在某些方面有所超越。近年来合纤仿真（仿天然纤维）技术发展较快，纺织品的加工越来越注重工艺的科技含量，传统的纺织通过新加工技术赋予织物崭新的视觉和触觉效果，具有高附加值和特殊性能的"新合纤"相继问世，各种仿天然纤维的面料不断出现。

合成纤维从问世至今，在生产技术及感官特性上的改进大体分为四个阶段，如图1-5-17所示。

（1）聚合物合成阶段。从聚酰胺纤维的诞生到聚酯纤维和聚丙烯腈纤维的问世，合

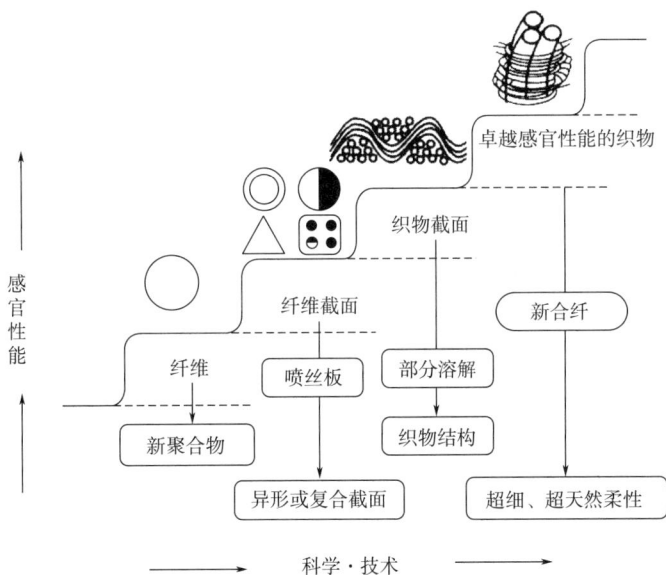

图1-5-17　合成纤维的发展阶段

成纤维产业迅速发展。

（2）合成纤维的仿真时代。开始注意模仿天然纤维的外形及截面，纺蚕丝的异形截面技术、纺棉的中空纤维技术、仿毛的复合纤维技术逐渐成熟。

（3）注重织物结构改进。与纤维的物理和化学改性相结合，通过超细纤维技术开发出人造麂皮，通过碱减量和异收缩混纤技术开发出新仿真丝织物。

（4）追求超天然质感的时期。将高分子化学改性技术与合纤加工的高新技术相结合，生产出具有超天然优越特性的新合纤，可赋予纺织面料高舒适性和多功能性。

新合纤不是指几个新颖的合成纤维产品，而是纺织染整工艺的新技术及由此得到的新产品的总称，它标志着纤维材料科学发展到一个新阶段。新合纤是生产技术不断发展的结晶。

新合纤的生产虽以各种合成纤维为基础，但实际上主要是聚酯长丝制品，也有一些其他纤维，如丙纶、锦纶、腈纶、黏胶纤维等。

一、新型合成纤维改性技术概述

纵观世界各生产商生产新型合成纤维采用的技术，可以概括为以下四种。

（1）聚合物改性技术。聚合物改性技术生产的主要产品有自伸长聚合物、高收缩性聚合物、高收缩应力聚合物、微粒子添加技术、深色化聚合物、易溶解性聚合物等。

（2）纺丝技术。主要有超细纤维技术，特殊横截面纺丝技术，不规则共轭纺丝技术，复合纺丝技术，异收缩、异线密度、异型截面混纤技术，高度中空纤维技术，轻量感觉技术。

（3）后加工技术。主要有不规则热处理技术，异形、异线密度、异聚合物混纤变形、交络技术，纤维表面凹凸化技术，各种组合长短丝复合技术，特殊蓬松加工技术，起毛圈、毛绒加工技术。

（4）织造及后整理技术。主要有碱减量技术，部分溶解原纤化技术，深色化染色技术，松弛整理技术，薄起绒技术，超细丝、蓬松丝织制技术，低温上浆、无浆化技术等。

二、改性新型合成纤维及其制品

随着科技的高速发展以及人们生活质量的日益提高，人们对纺织纤维提出了新的更高要求。近年来，在世界纺织市场上主要开发具有特殊性能和高附加值的"高新技术纤维"，要求合成纤维在保持原有的优良性能的同时，也具有天然纤维的某些优良性能，使合成纤维产品向差别化、功能性和高性能方向发展。

（一）差别化纤维及其制品

差别化纤维一般泛指通过化学改性或物理变形使常规化纤品种有所创新或赋予某些特性的化学纤维。

差别化纤维主要包括异形纤维、复合纤维、超细纤维、易染纤维、高吸水吸湿纤维、高收缩纤维、抗静电纤维等。

一部分差别化纤维已在相应章节中做过简要介绍，以下主要介绍超细纤维和高吸水吸湿纤维。

1. 超细纤维及其制品

超细纤维源于20世纪70年代的日本，一般是指单丝线密度在0.55dtex以下的纤维。因其单丝线密度远较常规合纤长丝细而得名。

目前国际上尚无有关超细纤维的统一定义，日本将0.55～1.1dtex的纤维称为细旦丝，0.55dtex以下的纤维称为超细丝。欧洲将1.0～2.4dtex的纤维称为细旦丝，0.3～1.0dtex的纤维称为微细丝。0.3dtex以下的纤维称为超细丝。目前我国将1dtex左右的纤维称为细旦纤维，将0.5～1dtex的纤维称为微细纤维，将小于0.3dtex的纤维称为超细纤维。现在世界上已能生产出0.00009dtex的超细丝，如果把这样1根丝从地球拉到月球，其质量也不过5g。

（1）超细纤维的生产方法。超细纤维可用于生产高舒适性织物，品种有涤纶、丙纶、锦纶、腈纶、黏胶纤维等。超细纤维一般有三种纺丝方法，即直接纺丝法、复合纺丝法和无规则短纤法。

①直接纺丝法。直接纺丝法是利用常规长丝纺丝设备，通过改变工艺参数，制取单丝线密度为0.5dtex的微细长丝。用直接纺丝法制取超细纤维，存在着纺丝不稳定，在纺丝、牵伸、织造、编织、后整理等工序中加工难度较大等问题。

②复合纺丝法。采用复合法制取的复合纤维的特性之一是多种组分之间可合可分，在纺丝初始阶段黏在一起形成较粗的丝，然后根据需要可将其分割开（剥离型）或去除另一组分（海岛型）而形成更细的纤维。剥离型复合丝的横截面有多层形、橘瓣形、米字形等；海岛型复合纤维的横截面类似于肉皮冻，当半透明凝胶状的"海"溶去后，会留下更细微的物质。

③无规则短纤法。无规则短纤法包括熔喷法、闪蒸法、离心法、原纤化法、乱流成型法、表面溶蚀法、破裂法等。熔喷法是以高速喷出的气流将熔融的聚合物以细长的短纤维形式喷出，随着高速运动而牵伸和凝固，最终形成无规则的短纤维。熔喷法目前主要用于生产丙纶非织造布。闪蒸法是将高聚物溶于特殊的溶剂中，加热加压后从纺丝孔喷出的溶剂（氟碳化合物等）瞬间蒸发膨胀，聚合物则固化和拉伸成高强微细网络状纤维，类似于蜘蛛网。离心法类似于制棉花糖，将熔融态物料注入周围有很多孔又高速旋转的离心机中，物料穿过这些孔呈丝状流出，然后利用沿平行于离心机旋转轴方向喷出的聚集气流把丝吹断，也可使丝受到拉伸。原纤化法是用机械捶打纤维或薄膜，使纤维变细。乱流成型法是使聚合物溶液在湍流区凝固而形成细纤维。表面溶蚀法是用碱溶液将涤纶等纤维的表面溶解，使纤维变细。破裂法是在聚合物中加入发泡剂或气体，使其破裂分离成超细纤维。

由于超细纤维的线密度极小，比表面积极大，因此超细纤维本身及其制品具有许多独特的性能，如手感柔软而细腻，柔韧性好，光泽柔和，可以织成高密度防水透气织物，保暖性强，具有高吸水性和高清洁能力等。但因其固有的特性，也使超细纤维的加工难度较大，生产成本较高。采用超细纤维生产纺织品，其织造、染色、后整理工艺不同于普通织物的生产工艺，容易产生疵病。

（2）超细纤维的应用。目前超细纤维的应用领域主要有以下几方面。

①高密度防水透气织物。由于超细纤维非常细，在织物中经纬丝更容易被挤压变形和相互贴紧，因而可织成高密度结构的织物，经收缩处理，便得到不需任何涂层的防水透气织物，用这种织物做成的服装，穿着舒适透气，并具有防水作用。这种织物可用于制作运动服、休闲服、风衣、雨衣、鞋靴面料、帐篷等。

②高吸水性材料。超细纤维具有高导湿、高吸水性能，这是因为纤维变细后，其比表面积增大，同时形成数量更多、尺寸更小的毛细孔洞。用这种纤维织成的织物可以吸收和储存更多的液体，可用于制作高吸水毛巾及卫生用品。据报道，日本某公司研制的由20%锦纶与80%涤纶超细纤维织制的高吸水毛巾，其吸水速度比普通毛巾快5倍以上，且手感柔软舒适。

③洁净材料。由超细纤维制成的洁净布具有很强的清洁能力，其较大的比表面积可容纳更多的污物，较软的绒毛不会损伤被擦拭的物体，除污既快又彻底，且不会掉毛，洗涤后还可重复使用，可广泛应用于精密机械、光学仪器、微电子、无尘室及家庭的除尘。

④其他功能材料。用超细纤维长丝或短纤维做成的过滤材料，可用于气体和液体的过滤。此外，超细纤维在装饰材料、保温材料、医用材料及生物工程等领域也有广泛的应用。

2. 高吸水吸湿纤维及其制品

疏水性合成纤维经物理变形和化学改性后，在一定条件下的水中浸渍和离心脱水后，仍能保持15%以上水分的纤维，称为高吸水纤维；在标准温湿度条件下，能吸收气相水分，回潮率在6%以上的纤维，称为高吸湿纤维。

近年来随着生活水平的提高，人们对于服装面料舒适性的要求越来越高，而服装在穿着时的舒适性与材料的吸放湿特性有密切的关系。为了满足人们所期望的穿着舒适性，就要求服装面料能在短时间内将人体皮肤表面的汗液吸入，通过纤维很快转移到服装表面并快速蒸发，以保持皮肤表面和服装内侧环境的干燥。也就是说，所谓高吸湿纤维，不仅要求纤维能够吸收液态水，而且能够快速地将水分转移至面料表面，并迅速蒸发。

高吸湿纤维的开发途径主要有三种。化学方法，即将吸水性基团接枝到纤维上，聚合物单体共聚与高吸水性聚合物共混；物理方法，即采用纤维表面的粗糙化、截面异形化，采用多孔、中空的纤维结构，纤维的超细化；复合纺丝法，即与吸湿性聚合物复合纺丝。

下面主要介绍近年来国内外高吸湿纤维的进展。

（1）高吸放湿聚氨酯纤维。聚氨酯纤维由于其良好的弹性而应用广泛。随着消费者对于舒适性要求的不断提高，聚氨酯纤维的技术开发已从单纯的伸缩功能扩大到与用途相适应的高功能性纤维。日本旭化成公司首创的高吸放湿聚氨酯纤维，其特点是吸湿量大，且放湿速度快，主要用于连裤袜、短裤等贴身衣着。它能迅速地向外面释放蒸汽和汗液，保持穿着舒适感。在运动或高湿度环境下，纤维从皮肤吸收水分，在静止或低湿度环境下可以迅速放湿，又能重新发挥吸湿性能。因此也把这种纤维称为"能呼吸的纤维"。

（2）超吸水性纤维LANSEAL。LANSEAL是以聚丙烯腈纤维为原料，让占纤维30%的表层部分经碱性水解制得的。水解的结果是表层部分成为含有羧基的水溶性高分子的交联体，具有高吸水性能。占纤维70%的芯部是没有发生变化的聚丙烯腈纤维。与水接触时，构成表层的水溶性高分子的分子间隙中就会吸入大量的水，在纤维直径方向大约膨胀12倍。LANSEAL可以和其他纤维混纺制成纱线、非织造布、过滤产品、薄膜、发泡体、复合体等，用作医疗卫生材料、水露吸收材料、食品包装材料、过滤材料、防漏材料、保水材料、冷却材料等。

（3）细旦丙纶。"芯吸效应"是细旦丙纶织物的一大特点。丙纶单丝线密度较小，这种芯吸湿透湿效应越明显，手感越柔软。因此细旦丙纶织物导汗透气，穿着时可保持皮肤干爽，出汗后无棉织物的凉感，也没有其他合成纤维的闷热和汗臭感，从而提高了织物的舒适性和卫生性。此类织物适用于针织内衣和运动服装。在纺丝过程中添加陶瓷粉、防紫外线物质或抗菌物质，可开发出各种功能性产品。

（4）高去湿四沟道聚酯纤维。杜邦公司用于生产Coolmax织物的四沟道聚酯纤维具有优良的芯吸能力，采用疏水性合成纤维制成高导湿纤维，将高度出汗的皮肤上的汗液用芯吸效应导到织物表面蒸发冷却。试验证明，在30min后湿度去除百分率：棉为52%，四沟道聚酯纤维为95%。这种纤维应用于运动服装、军用轻薄保暖内衣特别有效，保持皮肤干爽和舒适，且具有优良的保暖防寒作用。

（5）导湿干爽型涤纶长丝。金纺集团开发的导湿干爽型涤纶长丝，通过改变纤维截面形状使单纤之间的孔隙增大，比表面积增大及毛细血管效应使其导湿性能大大提高，采用该纤维生产的织物导湿性、水分扩散性能极佳，与棉等吸湿性好的纤维搭配，采用合理的组织结构，效果更好，制成的服装穿着干爽、清凉、舒适。适用于针织运动服装、机织衬衫、男女夏季服装面料、涤纶丝袜等。

（6）聚酯多孔中空截面纤维。WELLKEY是聚酯中空纤维，从纤维表面看，有许多贯通到中空部分的细孔，液态水可以从纤维表面渗透到中空部分。这种纤维的结构以最大的吸水速度和含水率为目标，在纺丝过程中，共混了特殊的微细孔形成剂后再将它溶解，从而形成了这种纤维结构。该纤维具有优良的吸汗快干和干爽的独特风格，主要用作衬裙、紧身衣、运动服、衬衫、训练服、外套等服装面料。另外，由于其吸水速干性和低干燥成本的优点，在非衣料领域和医药卫生领域具有广阔的应用前景。

（二）功能性纤维及其制品

功能性纤维是在20世纪60年代开始发展起来的一类纤维，除了具有常规纤维的柔软、保暖等特性外，还有一些常规纤维没有或不足的性能，如抗菌防臭、抗紫外线、远红外、芳香、可变色、高效止血等。目前在世界市场上销售的功能性纤维已有400多种。下面介绍几种目前国内较流行的功能性纤维。

1. 抗菌防臭纤维及其制品

抗菌防臭纤维能抑制和杀死细菌，还能防止细菌分解人体的分泌物而产生臭气。在生产过程中，可以用抗菌剂对纤维表面进行处理，也可以将抗菌剂与聚合物共混纺丝，使纤维内部含有抗菌剂。

抗菌剂的种类主要有有机硅季铵盐、芳香族卤化物、烷基胺系、酚醚系和无机物系。在20世纪80年代早期出现的抗菌防臭纺织品，大多采用有机季铵盐、咪唑、洗必泰、硫苯妥钠等有机杀菌剂整理加工制成，此法加工简便，但耐洗性稍差。近年来，在聚合物中添加以天然物质为载体的无机抗菌剂微粉，已成为制造抗菌防臭纤维的主要方法，这类纤维的抗菌性和耐洗性好，易于织染加工。

目前，广泛使用的无机抗菌剂是抗菌沸石，抗菌沸石中具有有杀菌效力的金属离子Ag^+、Cu^{2+}或Zn^{2+}。抗菌沸石具有较好的耐热性和耐有机溶剂性，可用于采用熔融法纺丝的聚酯纤维、聚酰胺纤维，也可用于采用溶液法纺丝的聚丙烯腈纤维。

沸石本身是一种无毒物质，对人体是安全的。共混在纤维中的抗菌沸石微粉逐渐溶出微量金属离子（Ag^+、Cu^{2+}、Zn^{2+}等），并进入与之接触的细菌细胞内，与细菌繁殖所必需的酶结合，引起细菌代谢障碍而死亡。抗菌沸石对肺炎杆菌、绿脓杆菌、枯草杆菌等多种细菌及霉菌具有杀灭的功效，尤其是对金黄葡萄球菌（MRSA）具有良好的抑菌作用。因此，抗菌防臭纤维制成的医用各类纺织品有着很好的发展前景。

抗菌防臭纤维制品可避免细菌和真菌产生的各种令人不快的气味，阻止细菌和真菌的生长，有效地避免尘螨及其排泄物所含的致过敏物质诱发哮喘、皮炎或鼻炎。除医用品外，抗菌防臭纤维还可用于被褥、枕头的填充料及内衣、袜子、浴帘、地毯等。

2. 防紫外线纤维及其制品

防紫外线纤维是指本身具有防紫外线破坏能力的纤维或含有防紫外线添加剂的纤维。过去人们认为紫外线对生命起有益的作用，它可以有效地促进维生素D的合成，具有杀菌作用，认为日光浴是一种健康疗法。但随着科学的进步，人们逐渐认识到过度的紫外线照射，对人体皮肤有危害性，容易引起皮炎、红斑、皮肤癌，并使免疫功能下降，还会导致白内障疾患。这种认识促进了防紫外线纤维的发展。

防紫外线纤维应该对紫外线有较强的反射和吸收性能。对紫外线能起反射作用的物质，称为紫外线屏蔽剂。某些金属氧化物的超细粉末可作为紫外线屏蔽剂，如三氧化二铝、氧化镁、氧化锌、二氧化钛、石墨等。对紫外线有强烈吸收并能进行能量转换而减少透过量的物质，称为紫外线吸收剂。紫外线吸收剂通常是一些有机化合物，如水杨酸酯类化合物、金属离子螯合物、二苯甲酮类、苯并三唑类等。

防紫外线纤维的生产制造可通过共混纺丝制得。即将紫外线屏蔽剂或紫外线吸收剂的粉体在聚合物聚合时加入或直接共混纺丝，也可先制成防紫外线母粒再进行纺丝。这样制得的防紫外线纤维比后整理法制成的纺织品的防紫外线功能持久，耐洗性好，手感柔软，易于染色。

腈纶本身为优良的防紫外线纤维。涤纶本身具有屏蔽紫外线的性能，可遮挡88%的紫外线，因此用涤纶制成的防紫外线纤维有较高的屏蔽能力，也可在聚酯中掺入陶瓷紫外线屏蔽剂制成防紫外线涤纶。锦纶本身防紫外线的能力较差，可在制造锦纶的聚合物中加入少量的添加剂（如锰盐和次磷酸、硼酸锰、硅酸铝及锰盐—铈盐混合物等），制得防紫外线锦纶。

防紫外线纤维除了可有效地减少阳光中紫外线对人的伤害外，还具有阻挡热的作用。防紫外线纤维主要用于制作衬衫、运动服、制服、长筒袜、帽子、遮阳伞等。

3. 高效止血纤维

高效止血纤维是指与出血创面接触时具有优良的黏附性和凝血功能的纤维，在出血时能加速血液的凝固作用。止血纤维的止血机理是其优良的黏附性和柔软性，能紧密地与出血面黏结，既能将出血创面的毛细管末端黏结而封闭，又能使血液迅速渗入多孔的纤维内部，促进血小板起凝血作用，达到止血的目的。此外，止血纤维还应无毒性，不仅纤维本身不能含有任何有害人体生理机能的毒素，而且要经过严格的消毒；吸收性好，要求纤维本身具有优良的可溶性，能逐渐与肌肉和血液分子相互渗透和扩散，最后被肌肉吸收。止血纤维的主要品种有四类：

（1）羧甲基纤维素止血纤维。这是20世纪60年代研制成功的一种人工合成的新型优质止血剂。采用羧甲基纤维素与非离子型表面活性剂（如硬脂酸山梨醇）在酸性条件（pH为3~7）下制成，再将其涂敷于消毒纸上，干燥后即成。羧甲基纤维素无毒，并具有优良的可溶性。

（2）聚乙烯醇止血纤维。它是以聚乙烯醇为基质，常采用湿法纺丝，在纺丝过程中将具有止血作用的药物引入纤维内。可以制成止血条、止血带等，广泛应用于一般的紧急外伤处理，使用非常方便。

（3）聚羟基乙酸高分子毡。将聚羟基乙酸制成一种毛毡状材料或海绵状物质，又称为高分子止血海绵。

（4）海藻纤维。也称碱溶纤维、藻蛋白纤维或藻朊酸纤维。它是由海藻中提取的藻酸制成的纤维，因其具有优良的黏附性、柔软性和多孔性，可用于制作吸收止血敷料。

（三）高性能纤维及其制品

所谓高性能纤维，是指具有突出的化学稳定性，并具有高强度、高模量和难以燃烧等性能，能耐高温、耐腐蚀的纤维。高性能纤维是从20世纪60年代初发展起来的，碳纤维、芳香族聚酰胺纤维（芳纶）、超高分子量聚乙烯纤维和聚四氟乙烯纤维等都属于高性能纤维的范围。这类纤维最初用于军事方面，随着科学技术的进步、生产成本的降低，逐渐也用于民用领域。

1. 碳纤维（carbon fibre）

碳纤维是指含碳量在90%以上的高强度、高模量、耐高温纤维。

碳纤维是一种纤维状碳材料，可分别用聚丙烯腈纤维、沥青纤维或黏胶丝经碳化制得，也有少数采用聚乙烯、聚酰胺或酚醛制取碳纤维。

碳纤维按其力学性能可分为以下三种类型：

（1）普通型碳纤维。它是指在900～1200℃下碳化得到的碳纤维，其强度和弹性模量都较低，一般强度为1.98N/tex，模量为235N/tex。

（2）高强度型碳纤维。它是指在1300～1700℃下碳化得到的碳纤维，它的强度很高，可达2.84N/tex，模量约为166N/tex。

（3）高模量型碳纤维。又称石墨纤维，它是指在碳化后再经2500℃以上高温石墨化处理所得到的碳纤维。它具有较高的强度，约为2.17N/tex，模量也很高，可高达327N/tex。

随着航天和航空工业的发展，还出现了高强高伸型碳纤维，其伸长率大于2%。其中用量最大的是聚丙烯腈基碳纤维。

碳纤维作为一种强度大、密度小、耐腐蚀、耐高温、具有导电性的新型材料，其强度是普通涤纶和锦纶的2倍，是不锈钢纤维的5倍。碳纤维的密度为1.7～1.9g/cm³，而铁的密度为7.8g/cm³，铝的密度为2.8g/cm³，故碳纤维制品比金属材料轻得多。碳纤维对一般的酸、碱有良好的耐腐蚀作用，对空气中的酸气组分有很好的抵抗能力。碳纤维在没有氧气存在的情况下，能够耐受3000℃的高温，这是其他任何纤维无法与之相比的。此外，碳纤维还具有良好的尺寸稳定性，不易发生变形。

碳纤维可加工成织物、毡、席、带、纸及其他材料。碳纤维除用作绝热保温材料外，一般不单独使用，多作为增强材料加入树脂、金属、陶瓷和混凝土等材料中，构成复合材料。

2. 芳纶

芳纶是芳香族聚酰胺纤维的简称。其聚合物大分子的主链由芳香环和酰胺键构成，且其中至少85%的酰胺键直接与两个芳香环相连接。

芳纶是20世纪60年代由美国杜邦公司研制成功，于70年代初实现工业化生产的。芳纶因所用原料的不同而有多种牌号，如芳纶1313、芳纶1414、芳纶14等。一般按使用性能，芳纶可分为两大类，即耐热芳纶（以芳纶1313为代表）和高强度高模量芳纶（以芳纶1414

为代表）。

（1）芳纶1414。又称聚对苯二甲酰对苯二胺纤维（PPTA），商品名称为诺曼克斯（Nomex）。

芳纶1414是一种高强高模的高性能特种合成纤维，同时也是一种优秀的耐高温阻燃纤维。芳纶1414的强度为普通锦纶或涤纶的4倍，模量为锦纶的20倍。长期使用温度为240℃，在400℃以上才开始烧焦。芳纶1414的化学性能较稳定。

虽然芳纶1414的性能优越，但是其产量少，价格昂贵，主要应用于宇航和国防工业，少量作为防弹衣之类的防护用品。

（2）芳纶1313。又称聚间苯二甲酰间苯二胺纤维（MPIA），商品名称为凯芙拉（Kevlar）。

芳纶1313的突出优点是具有良好的耐热性能，在260℃高温下持续使用1000h，可保持原强度的65%；在热蒸汽中保持400h以上，可保持原强度的50%。它还有很好的阻燃性，在火焰中难燃，并具有自熄性。芳纶1313的化学稳定性良好，能耐大多数酸，对碱的稳定性也较好，但不能长时间与强碱（如烧碱）接触；同时，芳纶1313对漂白剂、还原剂及苯酚、甲酸、丙酮之类的有机溶剂等也有良好的稳定性。芳纶1313的主要缺点是耐光性和染色性较差，如在日光下暴晒80周后，强度将下降50%。

芳纶1313在目前所有耐高温纤维中，是产量最大、应用面最广的一种纤维。主要用于制作防火和耐高温材料，如防火帘、防燃手套、消防服、耐热工作服等，另外还用于航空航天、军事装备等方面。

3. 超高分子量聚乙烯纤维

超高分子量聚乙烯纤维又称超高强高模量聚乙烯纤维，它是以高分子量聚乙烯（UHMWPE）为原料制备而成的，为继碳纤维和芳纶之后的又一种高性能纤维，1979年由荷兰DSM公司试制成功，并于1990年率先实现商业化生产，其商标名称为迪尼玛（Dyneema）。

超高分子量聚乙烯纤维的相对分子质量高达$5 \times 10^5 \sim 5 \times 10^6$，具有高强度、高模量、低密度的特性，其强度可达2.65N/tex左右，模量可达93.548N/tex左右，密度则仅为0.96g/cm³。超高分子量聚乙烯纤维具有良好的疏水性、耐化学品性、防紫外线和抗老化性能，其耐磨性、耐疲劳性、抗震性和柔软弯曲性也很好，耐冲击性和能量吸收能力高。这种纤维的主要缺点是耐热性能差，熔点仅为145~155℃，因此在使用时要注意温度的影响。

超高分子量聚乙烯纤维的应用领域很广，如航海用制品、防护用制品、体育用品等，主要用于制造帆布、高强度绳索、渔网、防弹背心、降落伞、耐冲击织物、防切割手套等。

4. 聚四氟乙烯纤维（PTFE）

聚四氟乙烯纤维在我国商品名称为氟纶，美国为特氟纶（Teflon）。其聚合物的分子式为$+CF_2—CF_2+_n$。

聚四氟乙烯最初用作塑料，1954年由美国杜邦公司首先将其制成纤维并实现了工业化生产。产品有单丝、复丝、短纤维和膜裂纤维等。

聚四氟乙烯纤维是耐高温阻燃纤维中发展最早的品种，它具有独特的综合性能，是迄今为止最耐腐蚀的纤维，能耐氢氟酸、王水、发烟硫酸、浓碱、过氧化氢等强腐蚀性试剂的作用，只有熔融的碱金属和高温高压下的氟才能对其产生轻微的腐蚀作用。它是现有化学纤维中耐气候性最优良的一个品种，在室外暴露15年以后，其力学性能不会发生明显的变化。PTFE还是目前化学纤维中最难燃的纤维之一，其极限氧指数（LOI）高达95%，即在氧浓度为95%以上的气体中才能燃烧。PTFE长期使用温度为–120～250℃，强度失效温度为310℃，加热至390℃以上时，开始发生解聚。另外，聚四氟乙烯纤维还具有良好的电绝缘性能和抗辐射性能，摩擦系数低、不黏着、不吸水。

聚四氟乙烯纤维由于具有以上的特殊性能，在原子能工业、国防、航天、电子、电器、化工和医疗等方面有着重要的用途，可用于制作火箭发射台等的屏蔽物、宇航服、原子能工业防护服、各种耐腐蚀和耐高温的密封材料、各种人造血管及人造气管、医用缝合线等。

练 习 题

一、单项选择题

1．恒定外力作用下，材料形变随时间而增大的现象称（　　）。

A．内耗　　　　　　B．应力松弛　　　C．蠕变

2．下列纤维中耐磨性最好的是（　　）。

A．涤纶　　　　　　B．腈纶　　　　　C．锦纶　　　　　D．棉

3．下列纤维中，耐酸耐碱性能都好的是（　　）。

A．涤纶　　　　　　B．丙纶　　　　　C．维纶　　　　　D．锦纶

4．有"合成棉花"之称的纤维是指（　　）。

A．黏胶　　　　　　B．腈纶　　　　　C．维纶　　　　　D．芳纶

5．下列纤维中弹性最好的是（　　）。

A．腈纶　　　　　　B．羊毛　　　　　C．蚕丝　　　　　D．氨纶

6．吸水性很差，往往与棉纤维混纺，典型面料有"的确良"的是（　　）。

A．醋酯纤维　　　　B．涤纶　　　　　C．亚麻　　　　　D．羊毛

7．目前市场上标为T400的弹性纤维本质上是一种（　　）。

A．氨纶　　　　　　B．锦纶　　　　　C．涤纶　　　　　D．丙纶

8．目前（　　）的产量在合成纤维中是最多的。

A．涤纶、锦纶、黏胶　　　　　　B．涤纶、氨纶、腈纶

C．涤纶、锦纶、腈纶　　　　　　D．腈纶、锦纶、氨纶

二、判断题（判断为正确打"√"，判断为错误打"×"）。

1．普通黏胶纤维截面是锯齿形，所以它是异形截面纤维。（　　）

2. 差别化纤维一般指在原有纤维组成基础上经过物理或化学改性处理，使性能获得一定程度改善的纤维。（　　）

3. 涤纶POY111dtex/96f：指涤纶预取向丝，线密度为111dtex，由96根单丝组成。（　　）

4. 复丝纱是两根或两根以上的单丝并合一起的丝束，如化纤一个喷丝头数个喷丝孔出来并在一起的长丝。（　　）

三、简答题

1. 请举例说明合成纤维的分类。

2. 合成纤维的纺丝方法有哪三种？

3. 异形纤维和复合纤维有哪些特性？

4. 涤纶的学名是什么？试根据涤纶的结构分析其特点。

5. 为什么热定形可使涤纶的状态趋于稳定？应如何选择热定形温度？

6. 涤纶的耐酸性、耐碱性如何？

7. 锦纶的学名是什么？涤纶和锦纶同属合成纤维，为何其弹性及吸湿性不同？试分析原因。

8. 腈纶的学名是什么？腈纶由哪些单体组成？各有何作用？

9. 为什么腈纶适合制造膨体纱？

10. 丙纶的学名是什么？试从丙纶的分子结构来分析丙纶的吸湿性和强度。

11. 氨纶的学名是什么？氨纶为什么具有极高的弹性伸长率和弹性回复能力？

12. 维纶的学名是什么？与其他合成纤维比较，维纶有哪些特性？

13. 新合纤改性技术有哪些？请举例说明新合纤及其制品。

14. 请分别举例说明功能性纤维、高性能纤维及其制品。

第二部分

技能训练

技能训练任务一　机织物经、纬纱的线密度测定

一、任务

测试依据：国家标准GB/T 29256.5—2012《纺织品　机织物结构分析方法　第5部分：织物中拆下纱线线密度的测定》。

测试原理：从长方形的织物试样中拆下纱线，测定其伸直长度，在标准大气中调湿后测定其质量（方法A），或在规定条件下烘干后测定其质量（方法B）。根据所测得的质量与伸直长度计算线密度。在测定纱线烘干质量时，当加热到105℃，容易引起除水以外的挥发性物质显著损失的样品宜使用方法A。

二、准备

仪器和工具：电子天平、米尺、剪刀、挑针、烘箱、镊子等。

机织物试样：将样品调湿至少24h。从调湿过的样品中裁剪7块长方形试样，其中2块为经向试样，试样的长度方向沿样品的经向，5块纬向试样，试样的长度方向沿样品的纬向。试样的长度最好相同，至少250mm，试样的宽度至少含有50根纱线。

三、操作

（1）测试步骤。将试样分别沿经、纬向抽去边纱数根，将边部的纱缕修短剪成平齐。从每一试样中拆下并测定10根纱线的伸直长度（精确至0.5 mm）。操作时可用左手握住纱线的一端，右手用挑针将纱线从织物中轻轻地逐步拨出。在拉出或拉直纱线时，要注意不能使纱线产生退捻或加捻，对某些捻度小的纱线或极易产生伸长的纱线要避免纱线意外伸长。给纱线以适当张力使纱线伸直而不产生伸长，用尺子量取纱线的长度。

然后从每个试样中拆下至少40根纱线，与同一试样中已测取长度的10根形成一组。

（2）测试方法。

方法A：在标准大气中调湿和称量。将纱线试样置于试验用的标准大气中平衡24h，或每隔至少30min其质量的递变量不大于0.1%，称量每组纱线。

方法B：烘干和称量。把纱线试样放在烘箱中加热至105℃，并烘至恒定质量，直至每隔30min质量递变量不大于0.1%，称量每组纱线。

四、结果与分析

对每个试样测定10根纱线，计算其平均伸直长度，结果记录于表2-1-1的试验结果记录表中。

表2-1-1　试验结果记录表

实验室温度、湿度 _____　　　　试样名称与规格 _____

次数	试样1		试样2		……
	经纱	纬纱	经纱	纬纱	
	L/mm	L/mm	L/mm	L/mm	
1					
2					
3					
……					
平均伸直长度/m					

方法A：由式（1）分别计算各试样经纬纱线的线密度。

$$Tt_c = \frac{m_c \times 1000}{L \times N} \quad\quad (1)$$

式中：Tt_c为调湿纱线的线密度（tex）；m_c为调湿纱线的质量（g）；L为纱线的平均伸直长度（m）；N为称量的纱线的根数。

方法B：由式（2）分别计算各试样经纬纱线的线密度。

$$Tt_D = \frac{m_D \times 1000}{L \times N} \quad\quad (2)$$

式中：Tt_D为烘干纱线的线密度（tex）；m_D为烘干纱线的质量（g）；L为纱线的平均伸直长度（m）；N为称量的纱线的根数。

由式（3）计算结合商业允贴或公定回潮率的纱线线密度：

$$Tt_R = \frac{Tt_D \times (100 + R)}{100} \quad\quad (3)$$

式中：Tt_R为结合商业允贴或公定回潮率的纱线线密度（tex）；Tt_D为烘干纱线的线密度（tex）；R为纱线的商业允贴或公定回潮率（%）。

股线的线密度表示：单纱线密度相同的股线，以单纱的线密度值乘股数来表示；单纱线密度不同的股线，以单纱的线密度值相加来表示。如34tex×2，26tex+60tex等。

技能训练任务二　机织物密度的测定

一、任务

依据国家标准GB/T 4668—1995《机织物密度的测定》，学习测试织物经纬密度的方法。

机织物密度是指机织物单位长度内的纱线根数，有经密和纬密之分。经密（即经纱密度）是沿机织物纬向单位长度内所含的经纱根数。纬密（即纬纱密度）是沿机织物经向单位长度内所含的纬纱根数。经、纬密能反映由相同直径纱线制成的织物的紧密程度。

二、准备

1. 试验用具

钢尺（长度5~15 cm，尺面标有毫米刻度）、分析针、剪刀、织物分析镜、织物密度镜。

2. 试验材料

各种机织物试样，样品应平整无折皱，无明显纬斜。试验前，把织物或试样暴露在试验用的大气中至少16h。

3. 最小测量距离（表2-2-1）

利用织物分解法时，裁取至少含有100根纱线的试样。

对宽度只有10cm或更小的狭幅织物，计数包括边经纱在内的所有经纱，并用全幅经纱根数表示结果。

当织物是由纱线间隔稀密不同的大面积图案组成时，测定长度应为完全组织的整数倍，或分别测定各区域的密度。

表2-2-1 最小测量距离

每厘米纱线根数/根	最小测量距离/cm	被测量的纱线根数/根	精确度（计数到0.5根纱线以内）/根
10	10	100	>0.5
10~25	5	50~125	1.0~0.4
25~40	3	75~120	0.7~0.4
>40	2	>80	<0.6

三、操作

1. 织物分解法

（1）在调湿后样品的适当部位剪取略大于最小测定距离的试样。

（2）在试样的边部拆去部分纱线，用钢尺测量，使试样达到规定的最小测定距离2cm，允差0.5根。

（3）将上述准备好的试样，从边缘起逐根拆点。为便于计数，可以把纱线排列成10根一组，即可得到织物在一定长度内经（纬）向的纱线根数。

（4）如经纬密同时测定，则可剪取矩形试样，使经纬向的长度均满足最小测量距离。拆解试样，即可得到一定长度内的经纱根数和纬纱根数。

这种方法虽然速度较慢，但适用于没有织物组织基础的人员或来样结构较为复杂的产品。

2. 织物分析镜法

织物分析镜（图2-2-1）和分析针在纺织领域里运用非常广泛，是分析织物的重要工具，通过它们可以更清楚、更好地进行织物分析。织物分析镜由一个框架、一个放大镜和一个底座标尺（在放大镜的对面）组成。当分析镜正常打开时，透过放大镜就会看到标尺刻度。底座标尺是一个正方形，有各种大小，最常用的是2.54cm（1英寸）标准分析镜。织物分析针由一个带有柄的针组成。在分析织物时，它作为指针与放大镜配合使用。如果使用1英寸分析镜，共数到80根纱线，则纱线的密度是80根/英寸。

织物分析镜法测试时将织物分析镜放在摊平的织物上，首先通过分析镜观察一下织物，以决定织物正面还是反面更便于计数。通常一组纱线在正面计数、另一组纱线在反面计数较方便。如果织物是深色的，放在浅色的表面上较容易分析，反之亦然。

注意：若起点位于两根纱线中间，终点位于最后一根纱线上，不足0.25根的不计，0.25~0.75根作0.5根计，0.75根以上作1根计，如图2-2-2所示。

图2-2-1　织物分析镜

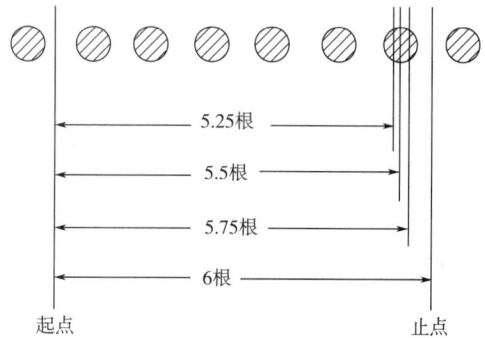

图2-2-2　计算纱线根数的方法

3. 移动式织物密度镜法

移动式织物密度镜内装有5~20倍的低倍放大镜。可借助螺杆在刻度尺的基座上移动，以满足最小测量距离的要求。放大镜中有标志线，随同放大镜移动时，通过放大镜可看见标志线的各种类型装置都可以使用。通常情况下，当标志线横过织物时就可看清和计数所经过的每根纱线，如图2-2-3所示。

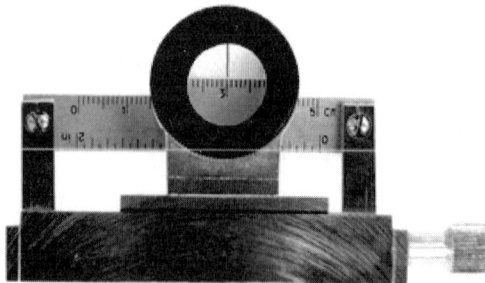

图2-2-3　Y511B型织物密度镜

（1）旋转密度镜的移动旋钮，使镜头移至钢板尺的零刻度线上，将镜头内的红线与零刻度线重合，然后将密度镜放到样品上，使刻度线与所测系统纱线平行（即钢板尺与所数系统纱线垂直）放置，且镜头刻线处在两根纱线之间，以使开始数时就为一整根。

（2）采用单根计数法时，用手缓缓转动螺杆，计数刻度线所通过的纱线根数，直至刻度线与刻度尺的5cm处对齐，即可得出织物在5cm中的纱线根数。

四、结果与分析

试验结果记录于表2-2-2中。

表2-2-2　试验结果记录表

方法	织物分解法		织物分析镜法		密度镜法	
	经密/（根/英寸）	纬密/（根/英寸）	经密/（根/10cm）	纬密/（根/10cm）	经密/（根/10cm）	纬密/（根/10cm）
1						
2						
3						
4						
5						
平均值						

将测得的一定长度内的纱线根数折算至10cm长度内所含纱线的根数。

分别计算出经、纬密的平均数，结果精确至0.1根/10cm。

技能训练任务三　织物拉伸断裂性能的测定

一、任务

测试依据：GB/T 3923.1—2013《纺织品　织物拉伸性能　第1部分：断裂强力和断裂伸长率的测定（条样法）》及设备使用说明书。

纺织品在加工、服用过程中经常承受各种方向的拉伸力，它是导致织物损坏的主要形式。织物拉伸断裂性能的基本指标包括断裂强力、断裂伸长率、断裂长度、断裂功等。其中织物的拉伸断裂强力是用来评价染整加工成品内在质量的重要指标之一。

本实验的主要目的是了解待测织物的拉伸断裂力学特征，掌握织物拉伸强力测试基本方法及其结果的评定，学会分析影响拉伸断裂强力测试的各种因素。

二、方案

织物拉伸性能的测试是通过给规定尺寸的试样以恒定伸长速率，使其伸长，直至断裂，记录断裂时的最大拉力和伸长（称断裂强力和断裂伸长率）。

在纯棉和涤棉混纺织物，或经漂白前后的纯棉织物中，任选一组试样进行平行试验，比较两种织物的断裂强力及断裂伸长率。

三、准备

1. 仪器设备与工具

电子织物强力机、剪刀、钢尺、镊子、笔、挑针、烘箱。

2. 试验材料

同种组织规格的纯棉、涤棉混纺织物各一块，或经漂白前后的纯棉织物各一块。

3. 取样要求

（1）在距布边约150mm处剪取330mm×60mm的经、纬向试样各5条（另多预备试样1～2条）。按图2-3-1所示的平行法裁样。

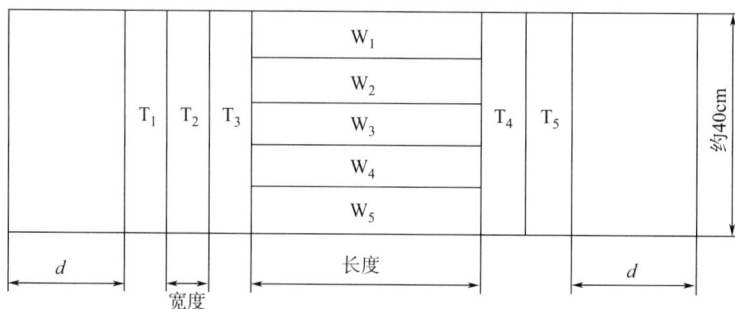

图2-3-1 织物拉伸性能试验取样示意图

（2）沿着条样长度方向，扯去边纱，使条样的宽度精确修正至50mm，并且试样上不能存在表面疵点。

四、操作

（1）打开电源开关，将液晶显示屏转换为测试状态屏显。

（2）确定将要进行测试的试验方法后，进入参数设定状态屏显，设定试验参数。

（3）设定织物拉伸参数时，所设定的起始拉力值不得大于试样的断裂强力，否则，显示屏不显示断裂强力，且试验机不会停止工作。

（4）设定拉伸速度和回复速度。

（5）确定仪器的实际初始夹持距离和所设定的夹持距离是否一致，若不相同，则对初始夹持距离进行调整。

（6）按清零键去皮（上夹持器无任何外力），如仪器上有上次测试数据则按"复位"键清除所有数据。

（7）将试样夹入上夹持器夹紧，用张力夹夹住试样尾端，将试样放入下夹持器夹紧，使试样处于绷直状态，然后按下"启动"键，即可进行工作。

（8）测试完毕，测试数据由显示屏显示或打印机打印测试报告。

五、结果与分析

1. 试验数据记录

试验数据记录在表2-3-1中。

表2-3-1　试验数据记录表

实验室温湿度 _____　试样名称 _____　仪器型号 _____　试样工作尺寸 _____

试样	试样1				试样2			
	经向		纬向		经向		纬向	
	强力/N	伸长率/%	强力/N	伸长率/%	强力/N	伸长率/%	强力/N	伸长率/%
1								
2								
3								
4								
5								
平均								

2. 试验数据修正

（1）织物拉伸性能试验受温湿度条件的影响，试样一般应在标准状态（温度20℃±2℃；相对湿度65%±3%）展开平放24h以上，达到一定回潮率再进行试验。

（2）为了迅速完成织物断裂强力的试验，可采用快速试验。快速试验时可以在一般温湿度条件下进行，将实测结果根据实际回潮率和温度加以修正（按GB/T 3923.1—2013）。

技能训练任务四　纺织纤维鉴别试验方法：通用说明

一、任务

依据FZ/T 01057.1—2007《纺织纤维鉴别试验方法　第1部分：通用说明》。根据各种纤维特有的物理和化学等性能，采用不同的分析方法对样品进行测试，通过对照标准照片、标准谱图及标准资料来鉴别未知纤维的类别。

二、准备

1. 试剂

本系列标准使用的试剂，一般均为分析纯或化学纯。试验溶液的配制应按有关手册的规定执行。

2. 试样

（1）试样的准备。取样的正确与否对于检验结果至关重要，通常来讲所取试样应具有充分的代表性。对于某些色织或提花织物，试样的大小应至少为一个完整的循环图案或组织。如果发现试样存在不均匀性，如面料中存在类型、规格和（或）颜色不同的纱线时，则应按每个不同的部分逐一取样。

（2）试样的预处理。当试样上附着的整理剂、涂层、染料等物质可能掩盖纤维的特征，干扰鉴别结果的准确性时，应选择适当的溶剂和方法将其除去，但要求这种处理方法和所使用的溶剂不得损伤纤维或使纤维的性质有任何改变。

三、纤维鉴别试验的一般性程序

（1）通常情况下，先采用显微镜法将待测纤维进行大致分类。其中天然纤维素纤维（如棉麻等）、部分再生纤维素纤维（如黏胶纤维等）、动物纤维（如羊毛、羊绒、兔毛驼绒、羊驼毛、马海毛、牦牛绒、蚕丝等），因其独特的形态特征用显微镜法即可鉴别。

（2）合成纤维、部分人造纤维（如莫代尔、莱赛尔等）及其他纤维，在经显微镜初步鉴别后，再采用燃烧法、溶解法等一种或几种方法进一步确认，最终确定待测纤维的种类。

四、试验报告

在每种方法的本标题下，注明试验报告所要求提供的内容。除试验结果等必要的信息外，还需注明操作程序中任何偏离的情况。

技能训练任务五　纺织纤维鉴别：显微镜观察法

一、任务

依据标准FZ/T 01057.3—2007《纺织纤维鉴别试验方法　第3部分：显微镜法》，用显微镜观察未知纤维的纵面和横截面形态，对照纤维的标准照片和形态描述来鉴别未知纤维的类别。

二、准备

（1）试剂。无水乙醇、甘油、乙醚、液体石蜡、火棉胶、切片石蜡等。

（2）仪器与工具。哈氏切片器、刀片、小旋钻、镊子、挑针、剪刀、剖刀、毛笔、载玻片、盖玻片、生物显微镜等。

（3）试样。试样的抽取和准备按FZ/T 01057.1—2007的规定执行。

三、操作

1. 纤维纵面观察

（1）将适量纤维均匀平铺（若为纱线则剪取一小段退去捻度，若为织物则分别抽取织物经纱与纬纱并退去捻度，再抽取纤维）置于载玻片上，滴上一滴透明介质（例如甘油，注意不要带入气泡）盖上盖玻片。

（2）将放有试样的载玻片放在载物台夹持器内，按规定步骤调节显微镜至清晰图像，在放大100～500倍条件下观察其形态。

（3）将在显微镜下观察到的纤维纵向形态，拍摄或描绘在纸上，与标准照片或标准资料对比。

（4）取下试样，用滤纸擦去甘油，继续装上另一种纤维试样进行观察。

2. 纤维横截面观察

使用哈氏切片器制作切片，可切割厚度为10～30μm的纤维切片。哈氏切片器的结构示意图如图2-5-1所示。

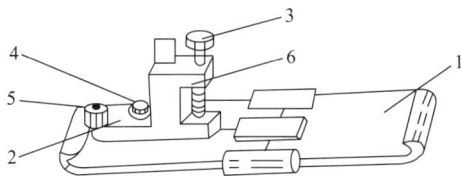

图2-5-1 哈氏切片器结构示意图
1—金属板凸舌 2—金属板凹槽 3—刻度螺丝 4—紧固螺丝 5—定位销 6—螺座

（1）将切片器上匀给螺丝向上旋转，使螺杆下端升离狭缝，将哈氏切片器的紧固螺丝4松开，拔出定位销5，将螺座6旋转到与金属板凹槽2呈垂直位置，抽出金属板凸舌1。

（2）将一小束纤维试样梳理整齐，嵌入金属板凹槽2中间的狭缝中，再把金属板凸舌1的塞片插入金属板凹槽2的狭缝，使试样紧紧夹入哈氏切片器的凹槽中间，以锋利刀片先切去露在金属板正反两面的纤维，将螺座回复到原来的位置，并旋紧螺丝将其固定。此时匀给螺丝的螺杆下端正对准金属板凹槽2中间的狭缝。

（3）旋转匀给螺丝，使螺杆下端与纤维试样接触，再顺螺丝方向旋转螺丝上刻度2～3格，使试样稍稍顶出板面，用锋利的刀片沿底座平面将露出的纤维切去。

（4）再旋转螺丝3上刻度一格半，用挑针滴一小滴5%火棉胶溶液，待蒸发后，用刀片小心地切下切片备用。

（5）将切好的纤维横截面切片置于载玻片上，加上一滴透明介质（注意不要带入气泡）盖上盖玻片，放在生物显微镜的载物台上，在放大100～500倍条件下观察其形态，与附录一和附录二的标准照片或标准资料对比。

四、结果与分析

观察、记录各种纤维的形态特征等，与标准照片或标准资料对比，判断纤维的种类。试验结果记录于表2-5-1。

表2-5-1 试验结果记录表

试样	纵面形态	横截面形态	纤维类别
1			
2			

试样	纵面形态	横截面形态	纤维类别
3			
4			
5			
6			

技能训练任务六　纺织纤维鉴别：燃烧法

一、任务

本试验依据FZ/T 01057.2—2007《纺织纤维鉴别试验方法　第2部分：燃烧法》。根据纤维靠近火焰、接触火焰和离开火焰时的状态及燃烧时产生的气味和燃烧后残留物特征来辨别纤维类别。

二、准备

（1）仪器与工具。镊子、剪刀、酒精灯、放大镜等。

（2）试样。试样的抽取和准备按FZ/T 01057.1—2007的规定执行。

三、方案

取纤维素纤维（棉、麻、黏等）、蛋白质纤维（羊毛、蚕丝等）、合成纤维（涤纶、锦纶、腈纶等）若干份作为未知纤维盲样，标上编号。逐一燃烧，观察特征。依据各种纤维的燃烧性能，推断纤维所属的类别。

四、操作

（1）将酒精灯点燃，取10mg左右的纤维用手捻成细束，试样若为纱线则剪成一小段，若为织物则分别抽取经纬纱数根。

（2）用镊子挟住一端，将另一端缓慢靠近火焰，观察纤维对热的反应情况（是否发生熔融、收缩）情况并做记录。

（3）将试样移入火焰中，使其充分燃烧，观察纤维在火焰中的燃烧情况并做记录。

（4）将试样撤离火焰，观察纤维离火后的燃烧状态并做记录。

（5）当试样火焰熄灭时，嗅闻其气味并做记录。

（6）待试样冷却后观察残留物的状态，用手轻捻残留物，记录颜色、软硬、松脆和形状等。

（7）重复步骤（1）~（6），直至分辨出纤维基本类别。各种纤维燃烧状态参见附录三。

五、注意事项

（1）某些通过特殊整理的织物，如防火、抗菌、阻燃等织物不宜采用此种方法。

（2）该方法较适宜于纺织纤维、纯纺纱线、纯纺织物或纯纺纱交织物的原料鉴别。

（3）在用嗅觉闻燃烧时的气味时，应注意勿使鼻子太凑近试样。正确的方法应该是：一手拿着刚离开火焰的试样，将试样轻轻吹熄，待冒出一股烟时，用另一只手将试样附近的气体扇向鼻子。

六、结果与分析

记录纤维燃烧现象于表2-6-1中，并做出判断。

表2-6-1　试验结果记录表

试样编号	燃烧现象	气味	灰烬颜色和形态	结论
1#				
2#				
3#				
4#				
…				

技能训练任务七　纺织纤维鉴别：溶解法

一、任务

本试验依据FZ/T 01057.4—2007《纺织纤维鉴别试验方法　第4部分：溶解法》。利用纤维在不同温度下的不同化学试剂中的溶解特性来鉴别纤维。

二、准备

（1）仪器与工具。量筒、试管、试管夹、小烧杯、镊子、酒精灯、温度计（0~100℃）、电热恒温水浴锅（37~100℃）、封闭电炉、天平（感量10mg）等。

（2）试剂。浓硫酸、浓盐酸、浓硝酸、甲酸、冰乙酸、氢氟酸、氢氧化钠、次氯酸钠、硫氰酸钾、N,N-二甲基甲酰胺、环己酮、丙酮、苯酚、四氯乙烷、1,4-丁内酯、二甲亚砜、二氯甲烷、四氯化碳、四氢呋喃、氢氧化铜、氢氧化铵（浓氨水）、乙酸乙酯，均为分析纯或化学纯。

（3）试样。各种纺织纤维、纱线或织物若干，试样的抽取和准备按FZ/T 01057.1—2007的规定执行。

（4）溶液的配制。按照有关手册规定的配制方法配制所需要的各种溶液。如5%氢氧化钠、20%盐酸、75%硫酸、85%甲酸、铜氨溶液等。

其中铜氨溶液的配制方法如下：取适量氢氧化铜于小烧杯中，缓慢注入氢氧化铵溶液（氢氧化铜：氢氧化铵约为1∶200），边注入边搅拌，操作应在通风橱中进行。将配好的溶液静置片刻，慢慢将清液倒出，即为呈宝石蓝色透明的铜氨溶液。

三、方案

取纤维素纤维（棉、麻、黏胶纤维等）、蛋白质纤维（羊毛、蚕丝等）、合成纤维（涤纶、锦纶、腈纶等）若干份作为未知纤维盲样，标上编号。注入适量试剂，观察纤维在溶剂中的溶解情况。依据各种纤维的溶解性能，推断纤维所属的类别。

四、操作

（1）将少量待测纤维（若试样为纱线则剪取一小段纱线；若为织物则分别抽出织物经纬纱少许）置于试管或小烧杯中。

（2）在试管中注入适量溶剂或溶液，在常温（20～30℃）下摇动5min（试样和试剂的用量比至少为1∶50），观察纤维的溶解情况，并记录观察结果。

（3）对有些在常温下难以溶解的纤维，需做加温沸腾试验。将装有试样和溶剂或溶液的试管或小烧杯加热至沸腾并保持3min，观察纤维的溶解情况。在使用如乙酸乙酯、二甲亚砜等易燃性溶剂时，为防止溶剂燃烧或爆炸，需将试样和溶剂放入小烧杯中，在封闭电炉上加热，并于通风橱内进行试验。

（4）每个试样取样2份进行试验，如溶解结果差异显著，应予重试。

（5）参照附录四常用纤维的溶解性能，确定纤维的种类。

五、注意事项

（1）由于溶剂的浓度和温度不同，对纤维的可溶性表现不一样，所以应严格控制溶剂的浓度和温度。

（2）整理用剂对溶解法干扰很大，因此，如果处理的是织物，测试前必须经预处理，将织物上的整理剂去除。

（3）溶剂对纤维的作用可以分为溶解、部分溶解和不溶解等几种，而且溶解的速度也不同，所以在观察纤维溶解与否时，要有良好的照明，以避免观察误差。

六、结果与分析

记录纤维溶解现象于表2-7-1中，并做出判断。

表2-7-1　试验结果记录表

处理条件	1#	2#	3#	4#	5#	6#	...
5%NaOH（沸）							
20%HCl（室温）							
75%H_2SO_4（室温）							
二甲基甲酰胺（沸）							
结论							

技能训练任务八　混纺织物纤维含量定量化学分析

一些纺织品是由两种或两种以上的纤维组成的混纺纱线织造，在进行鉴别和分析时，不仅要鉴别出各种纤维的种类，而且要分析出各种纤维的含量。混纺产品定量分析的方法一般是将织物拆成经纬纱线，采用前面所述的方法鉴别出组成纱线的各种纤维的种类，然后采用溶解法选择某种合适的溶剂将其中的一种或几种纤维溶解，从溶解失重或不溶纤维的质量计算出各种纤维的百分含量。此处重点介绍涤棉混纺织物纤维含量定量化学分析，其他混纺织物纤维含量的定量分析作为训练拓展资料。

一、涤棉混纺织物纤维含量的定量分析：硫酸法

（一）任务

本试验依据GB/T 2910.11—2009《纺织品　定量化学分析　第11部分：纤维素纤维与聚酯纤维的混合物（硫酸法）》。

此法利用纤维素纤维与聚酯纤维耐酸稳定性的不同，选择一定浓度的酸溶解纤维素纤维，而保留聚酯纤维，然后通过分离、清洗、烘干、冷却、称量，计算出两组分的质量分数。

（二）准备

（1）仪器和工具。分析天平、玻璃砂芯坩埚（2#）、恒温烘箱、恒温水浴锅、具塞锥形瓶、吸滤瓶、烧杯、干燥器、玻璃漏斗、温度计、量筒、称量瓶、玻璃棒等。

（2）试剂。

①75%硫酸溶液。在冷却条件下，将1000mL浓硫酸（密度1.84g/mL）慢慢加入570mL水中。硫酸浓度在73%～77%。

②稀氨水溶液。将80mL浓氨水（密度0.880g/mL）用水稀释至1000mL。

（3）试样预处理。混纺产品上的非纤维物质，有些是天然伴生的，有些是在纺织工艺过程中添加的。天然伴生的非纤维物质主要是油脂、石蜡和某些水溶性物质；纺织工艺过程中添加的主要是某些油剂、浆料、树脂或特种整理剂等。这些非纤维物质，在分析过程中会部分或全部溶解，并被计算在溶解纤维的质量中。为了减少或避免这种误差，在分析之前，应根据要求除去试样中的非纤维物质。

①一般预处理。取试样5g左右，放在索氏萃取器中，用石油醚萃取1h，每小时至少循环6次，待试样中的石油醚挥发后，将试样浸入冷水中，浸泡1h。再在（65±5）℃的水中浸泡1h（水与试样之比为100∶1），不时搅拌，然后抽吸或离心脱水、晾干。

②特殊预处理。试样上的水不溶性浆料、树脂等非纤维物质，若不能用石油醚和水萃取掉，则需用特殊的方法处理，例如煮练或洗涤等，同时要求这种处理对纤维组成没有影响。一般情况下，经正常预处理后的试样不再做特殊的预处理。

（4）试样准备。若试样为织物，则应将其拆成纱线，毡类织物通常剪成细条或小块，

纱线剪成1cm长。每个试样至少两份，每份试样不少于1g。试样应根据要求进行预处理，以免影响分析结果。

（三）方案

涤棉混纺试样	1g
75%硫酸	100mL
温度	（50±5）℃
时间	60min

（四）操作

（1）烘干。将预先准备好的试样置入称量瓶内，放入烘箱中，同时将瓶盖放在旁边，在（105±3）℃温度下烘4~16h，如烘干时间小于14h，则需烘至质量恒定（连续两次称得试样质量的差异不超过0.1%）。

（2）冷却。烘干后，盖上瓶盖迅速移入干燥器中冷却（干燥器放在天平边），冷却时间以试样冷却至室温为限（一般不少于30min）。

（3）称量。冷却后，从干燥器中取出称量瓶，在电子天平（或分析天平）上迅速并准确地称取1g试样（精确到0.0002g，称量时间不超过2min）。

（4）溶解。将试样放入三角烧瓶中，每克试样加入200mL 75%硫酸溶液，盖紧瓶塞，摇动烧瓶使试样浸湿。将烧瓶在50℃±5℃下保温1h，每隔10min摇动一次。

（5）过滤清洗。用已知干重的2#玻璃砂芯坩埚过滤，将不溶纤维移入玻璃砂芯坩埚，用少量75%硫酸溶液洗涤烧瓶。真空抽吸排液，再用75%硫酸溶液倒满玻璃砂芯坩埚，靠重力排液，或放置1min后用真空抽吸排液，再用冷水连续洗数次，用稀氨水洗2次，然后用冷水充分洗涤。每次洗液先靠重力排液，再真空抽吸排液。

（6）不溶纤维的干燥。将不溶纤维连同玻璃砂芯坩埚放入烘箱中烘至质量恒定。

（7）冷却称量。将烘至质量已恒定的不溶纤维（连同玻璃砂芯坩埚）移入干燥器内冷却，时间一般不少于30min。冷却后，从干燥器中取出玻璃砂芯坩埚，在电子天平（或分析天平）上迅速并准确地称取1g试样（精确到0.0002g，称量时间不超过2min）。

（8）分析结果的计算。已知混纺织品中的纤维种类后，则

$$p_1 = \frac{m_1 \times d}{m} \times 100\%$$

$$p_2 = 100\% - p_1$$

式中：p_1为不溶纤维的净干含量百分率；p_2为溶解纤维的净干含量百分率；m为预处理后试样烘干质量（g）；m_1为剩余的不溶纤维烘干质量（g）；d为不溶纤维在试剂处理时的质量修正系数（聚酯纤维d值为1.00）。

在用溶解法对混纺材料做定量分析时，必须考虑溶液对残留成分的腐蚀作用，即对试验结果要进行修正。其修正系数的确定，是由已知不溶纤维烘干质量与试剂处理后不溶纤维烘干质量之比来计算的。

（9）试验结果。试验结果以两次试验的平均值表示，若两次试验测得的结果绝对差值大于1%时，应进行第三次试验，试验结果以三次试验平均值表示。

（五）注意事项

（1）在干燥、冷却、称重操作中，不能用手直接接触玻璃砂芯坩埚、试样、称量瓶等，以免造成试验误差。

（2）称量时动作要快，以防止纤维吸潮后影响试验结果。

（3）被溶解纤维必须溶解完全，处理过程中应经常用力振荡。

（4）滤渣必须充分洗涤，并用指示剂检验是否呈中性，否则残留物在烘干时，溶剂浓缩，影响分析结果。

（六）结果与分析

（1）试验结果记录于表2-8-1中，并计算混纺比。

表2-8-1 试验结果记录表

试样名称	试样1	试样2
试样干重 m/g		
残留纤维干重 m_1/g		
p_1		
p_2		
平均值		

（2）设计其他纤维素纤维混纺或交织物含量分析方案。样例见表2-8-2。

表2-8-2 试验结果记录表

试样名称	涤/毛	锦/棉	棉/黏	涤/锦/棉
选用试剂				
残留纤维				

（3）分析影响试验结果的主要因素。

二、蛋白质纤维与其他纤维混纺织物纤维含量的定量分析：碱性次氯酸钠法

（一）任务

依据GB/T 2910.4—2009《纺织品 定量化学分析 第4部分：某些蛋白质纤维与某些其他纤维的混合物（次氯酸盐法）》。利用碱性次氯酸钠溶液溶解蛋白质纤维，分离出其他纤维，然后通过清洗、烘干、冷却。称量，计算出各组分的质量分数。

（二）试剂

①碱性次氯酸钠溶液。在1000mL浓度为1mol/L的次氯酸钠溶液中加入氢氧化钠5g，溶解后备用。

②稀乙酸溶液。将5mL的冰乙酸用水稀释至1000mL。

（三）操作

按试验通则中的试验步骤准确称取试样，然后将试样放入三角烧瓶中，每克试样加入100mL碱性次氯酸钠溶液，用力搅拌使试样浸湿。在（25±2）℃下连续不断地搅拌30min。后续步骤同试验通则（棉的d值为1.03，其他纤维的d值均为1.00）。

如果是几种蛋白质纤维同时存在，则此方法只能得出蛋白质纤维的总量，而不能得到各种蛋白质纤维的含量。

三、黏胶纤维、铜氨纤维和棉、苎麻、亚麻纤维混纺织物纤维含量的定量分析：甲酸 / 氯化锌法

（一）任务

本试验依据GB/T 2910.6—2009《纺织品　定量化学分析　第6部分：黏胶纤维、某些铜氨纤维、莫代尔纤维或莱赛尔纤维与棉的混合物（甲酸/氯化锌法）》。

此法利用甲酸／氯化锌混合试剂溶解黏胶纤维和铜氨纤维，分离出棉、苎麻、亚麻，然后将不溶纤维清洗、烘干、冷却、称量，计算出各组分的质量分数。

（二）试剂

①甲酸／氯化锌溶液。将20g无水氯化锌和68g无水甲酸加水至100g（此试剂有害，使用时应采取保护措施）。

②稀氨水溶液。取氨水20mL（密度0.880g/mL）用水稀释至1000mL。

（三）操作

按试验通则中的试验步骤准确称取试样，然后将试样迅速放入盛有已预热至40℃的甲酸/氯化锌溶液的具塞三角烧瓶中（每克试样加100mL试液），盖紧瓶塞，摇动烧瓶使试样浸湿，在（40±2）℃下保温2.5h，每隔45min摇动一次。用少量甲酸／氯化锌溶液将烧杯中的不溶纤维洗到已知质量的玻璃砂芯坩埚中，用20mL 40℃的甲酸／氯化锌溶液清洗，再用40℃水清洗，然后用100mL稀氨水溶液中和清洗并使剩余纤维浸没于溶液中10min，最后用冷水冲洗至中性。每次清洗液靠重力排液后，再用真空抽吸排液。将玻璃砂芯坩埚和不溶纤维按要求（试验通则）烘干、冷却、称量，并计算出各组分的质量分数（棉的d值为1.02，苎麻的d值为1.00，亚麻的d值为1.07）。

四、锦纶6、锦纶66和其他纤维混纺织物纤维含量的定量分析：80％甲酸法

（一）任务

本试验依据GB/T 2910.7—2009《纺织品　定量化学分析　第7部分：聚酰胺纤维与某些其他纤维混合物（甲酸法）》。

此法利用甲酸溶液将聚酰胺纤维从已知烘干质量的试样中溶解去除，分离出其他纤维，然后将不溶纤维通过清洗、烘干、冷却、称量，计算出各组分的质量分数。

（二）试剂

①80％甲酸溶液。将880mL甲酸（密度1.203g/mL）用水稀释至1000mL。或将780mL

98%～100%甲酸（密度1.220g/mL，用水稀释至1000mL，甲酸浓度控制在77%～83%。

②稀氨水溶液。80mL氨水（密度0.880g/mL）用水稀释至1000mL。

（三）操作步骤

按试验通则中的试验步骤准确称取试样，然后将试样放入三角烧瓶中，每克试样加入100mL甲酸溶液（80%），摇动烧瓶使试样浸湿，放置15min，并不时摇动。用已知烘干质量的2#玻璃砂芯坩埚过滤，用甲酸溶液将烧瓶中不溶纤维洗入已知质量的玻璃砂芯坩埚中，真空抽吸排液，然后用水清洗，稀氨水溶液中和，最后用冷水连续清洗至中性，每次清洗液靠重力排液后，再用真空抽吸排液，最后将玻璃砂芯坩埚和不溶纤维按要求（试验通则）烘干、冷却、称量，并计算出各组分的质量分数（苎麻的d值为1.02，其他纤维的d值均为1.00）。

五、腈纶和其他纤维混纺织物纤维含量的定量分析：二甲基甲酰胺法

（一）任务

本试验依据GB/T 2910.12—2009《纺织品　定量化学分析　第12部分：聚丙烯腈纤维、某些改性聚丙烯腈纤维、某些含氯纤维或某些弹性纤维与某些其他纤维的混合物（二甲基甲酰胺法）》。

此法利用二甲基甲酰胺将聚丙烯腈纤维从已知烘干质量的试样中溶解，分离出其他纤维，然后将不溶纤维通过清洗、烘干、冷却、称量，计算出各组分的质量分数。

（二）试剂

二甲基甲酰胺（沸点152～154℃）。注意：该试剂有毒性，使用时应采取妥善的保护措施。

（三）操作

按试验通则中的试验步骤准确称取试样，然后将试样放入三角烧瓶中，每克试样加入80mL二甲基甲酰胺，盖紧瓶盖，摇动烧瓶使试样浸湿。在90～95℃保温1h，期间用手轻轻摇动5次。将液体倒入已知质量的玻璃砂芯坩埚过滤，使不溶性纤维留在烧瓶中。再在烧杯中加入60mL二甲基甲酰胺，加热到90～95℃，保温30min（期间用手轻轻摇动2次）。再将不溶性纤维倒入玻璃砂芯坩埚中，用水洗涤烧瓶数次，每次洗涤后用真空抽吸排液。

如果不溶纤维是聚酰胺或聚酯纤维，则可将其与玻璃砂芯坩埚一起烘干，再冷却、称量。如果不溶纤维是纤维素纤维或蛋白质纤维，则用镊子将不溶纤维移到烧瓶中，加160mL水，在室温下放置5min，不时摇动烧瓶。将液体倒入玻璃砂芯坩埚，过滤，重复水洗3次以上，最后一次洗后，用真空抽吸排液。最后将玻璃砂芯坩埚和不溶纤维按要求（试验通则）烘干、冷却、称量，并计算出各组分的质量分数（丝的d值为1.00，其他纤维的d值均为1.01）。

六、三组分纤维混纺织物纤维含量的定量分析

本试验依据标准GB/T 2910.2—2009《纺织品　定量化学分析　第2部分：三组分纤维混合物》。

　　三组分纤维混纺产品的定量化学分析是选择适当的化学溶剂，使混纺产品中某一组分溶解，将混纺产品的纤维组分进行化学分离。在实际生产中常采用顺序溶解法，即先将待测试样中一组分溶解去除，则未溶纤维为另两组分，经称量后，从溶解失重可计算出溶解组分的质量分数。再将剩余纤维中的一种组分溶解掉，称出未溶部分的质量，根据溶解失重可以计算出第二种可溶组分的质量分数。表2-8-3列举了几种常用三组分纤维混纺织物纤维含量定量分析的试剂和鉴别程序。

表2-8-3　几种常用三组分纤维混纺织物纤维含量定量分析的试剂和鉴别程序

混纺织物	第一次		第二次	
	溶剂	被溶纤维	溶剂	被溶纤维
羊毛/黏胶纤维/棉	1mol/L的次氯酸钠	羊毛	甲酸—氯化锌	黏胶纤维
羊毛/黏胶纤维/涤纶	1mol/L的次氯酸钠	羊毛	75%硫酸	黏胶纤维
羊毛/黏胶纤维/腈纶	1mol/L的次氯酸钠	羊毛	二甲基甲酰胺	腈纶
羊毛/锦纶/涤纶	1mol/L的次氯酸钠	羊毛	20%盐酸	锦纶
羊毛/腈纶/涤纶	1mol/L的次氯酸钠	羊毛	二甲基甲酰胺	腈纶
蚕丝/棉/涤纶	1mol/L的次氯酸钠	蚕丝	75%硫酸	棉
蚕丝/黏胶纤维/涤纶	1mol/L的次氯酸钠	蚕丝	75%硫酸	黏胶纤维
黏胶纤维/棉/涤纶	甲酸—氯化锌	黏胶	75%硫酸	棉
锦纶/黏胶纤维/涤纶	20%盐酸	锦纶	75%硫酸	黏胶纤维
腈纶/黏胶纤维/涤纶	二甲基甲酰胺	腈纶	75%硫酸	黏胶纤维

技能训练任务九　织物与纤维鉴别综合实训

一、目的

　　（1）培养学生综合应用专业知识的能力，学会采用简便、有效、快捷的方法准确鉴别织物的原料种类，指导生产工艺的制订。

　　（2）培养学生独立思考、独立操作，分析问题和解决问题的能力。

　　（3）培养学生计划工作、团结协作的能力。

二、任务

　　某印染厂接到客户机织物来样，为组织坯布和制订染色加工工艺，现需对来样作下列分析：

　　（1）确定来样正反面、经纬向、织物经纬纱线密度、经纬纱密度。

　　（2）确定来样纤维种类。

三、要求

　　（1）由学生自己设计试验方案。

（2）开出试验所需仪器工具、试剂及试验材料清单。

（3）在规定时间内完成。

（4）编写试验报告，格式应规范，数据应正确，分析问题应透彻。

四、试验方案

（一）机织物正反面的确定

（1）机织物正面的织纹、花纹、色泽一般均比反面清晰、美观。

（2）有条格外观的织物或配色模纹的织物，其正面必然花纹清晰悦目。

（3）观察机织物的布边，布边光洁、整齐的一面为正面。

（4）对起毛机织物，单面起毛机织物，其起毛绒一面为正面；对双面起毛绒机织物，以绒面光洁、整齐的一面为正面。

（二）机织物经纬向的确定

（1）根据织物的布边，与布边平行的方向为经向。

（2）在光线透视下，呈现规律性隙缝印影的为经向。

（3）根据织物的伸缩性，经向小于纬向。

（4）根据纱线的粗细，一般经纱细，纬纱粗。

（5）根据织物的经纬密度，大多数织物经密大于纬密。（注意：麻纱、横贡缎、灯芯绒等织物纬密大于经密）

（6）根据织物中纱线的捻度，经向多大于纬向。

（7）条纹织物，沿条纹方向为经向。

（8）长方形格子面料，一般沿长边方向为经向。

（9）纱罗织物中，有扭绞的是经纱。

（10）半线织物中，经向为股线，纬向为单纱。

（11）弹力织物，有弹性的为纬向。

（12）牛仔布，经纱为染色纱，纬纱为本色纱。

（13）在分析织物中，纱线织缩率大的为经向。

（三）机织物密度的测定

试验结果记录于表2-9-1中。

表2-9-1　试验结果记录表

项目		测量距离/cm	测量数据/根					平均密度/（根/10cm）
			第1次	第2次	第3次	第4次	第5次	
织物密度测定	经纱	区域1						
		区域2						
	纬纱	区域1						
		区域2						

织物密度测定	说明：1. 当织物中纱线稀密相同时，只填写区域1的密度 2. 当织物中不同区域纱线稀密不同时，可分别填写2个区域的密度，或者按照区域比例进行修正。 3. 化纤长丝面料建议采用密度尺测试。

（四）机织物经纬纱线密度的测定

试验结果记录于表2-9-2中。

表2-9-2　试验结果记录表

项目		纱线长度/mm	纱线根数/根	平均伸直长度/（mm/根）	纱线质量/g	纱线线密度/tex	长丝线密度/旦	贴样
纱线线密度测定	经纱1							
	经纱2							
	纬纱1							
	纬纱2							
说明：1. 已知测试面料经纬纱实际回潮率为12%。 2. 当织物同一方向线密度只有1种时，只需填经纱1、纬纱1，当织物同一方向不同线密度纱线较多时，只需填写2种。								

（五）织物经纬纱线原料定性分析

用感官法判断织物类别→根据织物的感官特征进一步判断原料类别→分别抽出织物经纬向的边纱少许→靠近火焰（观察是否卷缩、熔融、燃烧）→接触火焰（观察燃烧情况和燃烧速度）→离开火焰（观察是否继续燃烧）→闻气味→看灰烬（软、硬、松脆、能否压碎）→初步判断原料组成→用溶解法进一步鉴别→确定原料组成。

试验结果记录于表2-9-3中。

表2-9-3　试验结果记录表

项目		1#	2#	3#	...
手感目测法					
燃烧现象	经纱				
	纬纱				
溶解性	经纱				
	纬纱				
鉴别结果	经纱				
	纬纱				
贴样					

练 习 题

一、单项选择题

1. 标准大气是指相对湿度和温度受到控制的环境，根据GB/T 6529—2008，应是温度20℃、容差为（　　），相对湿度为65%、容差为±4%。

A．±1℃　　　　　　B．±2℃　　　　　　C．±3℃

2. 纺织品检验时，试样在进入试验用标准大气时为（　　）。

A．吸湿状态　　　B．放湿状态　　　C．平衡状态　　　　D．吸湿或放湿

3. 某纤维在接近火焰时出现收缩，燃烧时有烧毛发味，据此可以判断该纤维不可能是（　　）。

A．牛奶纤维　　　B．桑皮纤维　　　C．羊毛纤维　　　　D．大豆纤维

4. 使用酒精灯时，酒精灯中酒精的量不要超过酒精灯容积的（　　），并且酒精的量不少于（　　）。

A．2/3、1/4　　　B．1/3、1/4　　　C．2/3、1/8　　　　D．2/5、1/6

5. 试管夹主要用于夹持试管，使用时夹在距试管口（　　）。

A．1/5处　　　　　B．试管口　　　　C．1/2处　　　　　D．1/3处

6. 纺织品定量分析时，干燥重量用（　　）。

A．箱内热称　　　B．箱外热称　　　C．箱外冷称　　　　D．以上均可以

7. 棉、麻及黏胶纤维在火焰中充分燃烧后，产生的灰烬颜色及性状为（　　）。

A．松脆黑灰　　　　　　　　　　B．黑褐色玻璃状硬球

C．少量灰白灰烬　　　　　　　　D．黄褐色硬球

8. 棉混纺织物可用下列哪种试剂来做定量分析（　　）。

A．75%硫酸　　　B．丙酮　　　　　C．80%甲酸　　　　D．二甲基甲酰胺

9. 在实验室的下列做法中正确的是（　　）。

A．为了节约药品，用剩的药品应放回原试剂瓶

B．为了获得感性认识，可触摸药品或尝药品的味道

C．为了保护标签，倾倒试液时，手心不应接触标签

D．为了安全，给试管里的液体加热时，试管口不能朝着有人的方向

10. 判断玻璃仪器已经洗净的标准，是观察器壁上（　　）。

A．附着的水能聚成水滴　　　　　B．附着的水能成股流下

C．一点水都没有附着　　　　　　D．附着的水既不聚成水滴也不成股流下

11. 目前在国内标准体系中，下列描述正确的是（　　）。

A．标准包括强制性标准、推荐性标准和团体标准

B．推荐性标准分为国家标准和行业标准两大类

C．地方标准、企业标准、行业标准的技术要求可以低于强制性国家标准的相关技术要求

D. 依法成立的社会团体可以制定团体标准

12. 织物分析首先需要（　　）。

A. 测定经纬密度　　　　　　　　B. 确定织物正反面、经纬向

C. 测算线密度　　　　　　　　　D. 原料鉴别

13. 用化学分析法进行织物定量分析时，试验结果以两次平行试验的平均值表示，若两次试验结果的绝对值差异大于（　　），应进行第3份试样试验，试验结果以（　　）次试验平均值表示。

A. 2%，3　　　　　　B. 1%，3　　　　　　C. 1%，2

14. 试样经定性为涤/棉混纺产品，若想采用化学试剂进一步定量，一般选择（　　）试剂；若为真丝/羊毛混纺产品，一般选择（　　）试剂；若为腈纶/锦纶混纺产品，一般选择（　　）试剂。

A. 75%硫酸，75%NaOH，80%甲酸

B. 75%硫酸，75%硫酸，80%NaOH

C. 75%硫酸，75%硫酸，80%甲酸

二、判断题（判断为正确打"√"，判断为错误打"×"）

1. 织物规格为14×14　472×267.5，其每个数字的含义是经纬纱线密度为14tex，经密472根/5cm，纬密267.5根/5cm。（　　）

2. 测试机织物经纱或纬纱的密度，若起点位于两根纱线中间，终点位于最后一根纱线上，不足0.25根的不计，0.25～0.75根作0.5根计，0.75根以上作1根计。（　　）

3. 按标准的执行方式，GB 18401是强制性国家标准；FZ/T 01057是推荐使用的纺织行业标准。（　　）

三、简答题

1. 机织物分析的步骤有哪些？

2. 简述混纺产品定量分析（化学分析法）的一般步骤（以两组分为例）。

3. 鉴别纱线原料的方法有几种？尝试用最简单的方法鉴别出棉纱、毛纱、黏胶丝、涤纶丝。

四、计算题

已知一种纱线由羊毛和棉混纺而成，由于要检验此种产品各种纤维含量对纱线性能的影响，须分析此纱线中羊毛和棉纤维的组分比例。试验中先对混合纤维进行预处理，处理后的重量为28g，然后采用次氯酸钠溶液对混合纤维进行处理，然后对不溶纤维进行干燥称重，重量为19g，已知棉纤维重量修正系数$d=1.03$，羊毛$d=0.985$，试求在公定回潮率下两种纤维的百分含量。（棉的公定回潮率为8.5%，羊毛的公定回潮率为15%）

参考文献

［1］王菊生，孙铠. 染整工艺原理（第一册）［M］. 北京：纺织工业出版社，1982.

［2］郑光洪. 印染概论［M］. 北京：中国纺织出版社，2008.

［3］蔡苏英. 染整技术实验［M］. 北京：中国纺织出版社，2009.

［4］蔡再生. 纤维化学与物理［M］. 北京：中国纺织出版社，2004.

［5］于伟东. 纺织材料学［M］. 北京：中国纺织出版社，2006.

［6］朱松文. 服装材料学［M］. 北京：中国纺织出版社，1996.

［7］高绪珊，吴大诚. 纤维应用物理学［M］. 北京：中国纺织出版社，2001.

［8］陶乃杰. 染整工程（第一册）［M］. 北京：中国纺织出版社，1996.

［9］宋心远. 新合纤染整［M］. 北京：中国纺织出版社，1997

［10］滑钧凯. 纺织产品开发学［M］. 北京：中国纺织出版社，1997.

［11］肖长发. 纤维复合材料［M］. 北京：中国石化出版社，1995.

［12］FZ/T 01057. 2—2007纺织纤维鉴别试验方法　燃烧试验方法［S］. 北京：中国标准出版社，2007.

［13］FZ/T 01057. 3—2007纺织纤维鉴别试验方法　显微镜观察法［S］. 北京：中国标准出版社，2007.

［14］FZ/T 01057. 5—2007纺织纤维鉴别试验方法　着色试验方法［S］. 北京：中国标准出版社，2007.

［15］GB/T 2910. 1—2009纺织品　定量化学分析　第1部分：试验通则［S］. 北京：中国标准出版社，2009.

［16］GB/T 3923. 1—2013纺织品　织物拉伸性能　第1部分：断裂强力和断裂伸长率的测定（条样法）［S］. 北京：中国标准出版社，2013.

［17］Charles Tomasino. Chemistry & Technology of Fabric Preparation & Finishing. Department of Textile Engineering［Z］. Chemistry & Science College of Textiles，North Carolina State University，1992.

［18］Morton W E，Hearle J W S. Physical properties of textile fibres［M］. Cambridge，England: Woodhead Publishing Limited，2008.

［19］Pietro Bellini，Ferruccio Bonetti. Finishing［Z］. Moral body of the Italian Association of Textile Machinery Producers，2002.

［20］白刚，刘艳春. 染整产品检验教程［M］. 北京：中国纺织出版社有限公司，2021.

［21］国家人力资源和社会保障部. 纤维检验员国家职业技能标准（2019年版）［S］. 2020.

［22］钱坤. 纺织复合材料［M］. 北京：中国纺织出版社，2018.

附录一 常见各种纤维的横截面及纵面形态特征（附表1）

附表1 常见各种纤维的横截面及纵面形态特征

纤维类别	横截面形态	纵面形态
棉	有中腔，呈不规则的腰圆形	扁平带状，稍有天然转曲
丝光棉	有中腔，近似圆形或不规则腰圆形	近似圆柱状，有光泽和缝隙
苎麻	腰圆形，有中腔	纤维较粗，有长形条纹及竹状横节
亚麻	多边形，有中腔	纤维较细，有竹状横节
竹纤维	腰圆形，有空腔	纤维粗细不匀，有长形条纹及竹状横节
桑蚕丝	三角形或多边形，圆角	有光泽，纤维直径及形态有差异
柞蚕丝	细长三角形	扁平带状，有微细条纹
羊毛	圆形或近似圆形（或椭圆形）	表面粗糙，有鳞片
白羊绒	圆形或近似圆形	表面光滑，鳞片较薄且包覆较完整，鳞片间距较大
紫羊绒	圆形或近似圆形，有色斑	具有白羊绒的形态，有色斑
兔毛	圆形，近似圆形或不规则四边形，有髓腔	鳞片较小，与纤维纵向呈倾斜状，髓腔有单列、双列、多列
羊驼毛	圆形或近似圆形，有髓腔	鳞片有光泽，有的有通体或间断髓腔
马海毛	圆形或近似圆形，有的有髓腔	鳞片较大，有光泽，直径较粗，有的有斑痕
驼绒	圆形或近似圆形，有色斑	鳞片与纤维纵向呈倾斜状，有色斑
牦毛绒	椭圆形或近似圆形，有色斑	表面光滑，鳞片较薄，有条状褐色色斑
黏胶纤维	锯齿形	表面平滑，有清晰条纹
莫代尔纤维	哑铃形	表面平滑，有沟槽
莱赛尔纤维	圆形或近似圆形	表面平滑，有光泽
铜氨纤维	圆形或近似圆形	表面平滑，有光泽
醋酯纤维	三叶形或不规则锯齿形	表面平滑，有沟槽
牛奶蛋白改性聚丙烯腈纤维	圆形	表面光滑，有沟槽和/或微细条纹
大豆蛋白纤维	腰子形（或哑铃形）	扁平带状，有沟槽和疤痕
聚乳酸纤维	圆形或近似圆形	表面平滑，有的有小黑点
涤纶	圆形或近似圆形及各种异形截面	表面平滑，有的有小黑点
腈纶	圆形、哑铃形或叶状	表面光滑，有沟槽和/或条纹
变性腈纶	不规则哑铃形、蚕茧形、土豆形等	表面有条纹
锦纶	圆形或近似圆形及各种异形截面	表面光滑，有小黑点

纤维类别	横截面形态	纵面形态
维纶	腰子形（或哑铃形）	肩平带状，有沟槽
氯纶	圆形、蚕茧形	表面平滑
氨纶	圆形或近似圆形	表面平滑，有些呈骨形条纹
芳纶1414	圆形或近似圆形	表面平滑，有的带有疤痕
乙纶	圆形或近似圆形	表面平滑，有的带有疤痕
丙纶	圆形或近似圆形	表面平滑，有的带有疤痕
聚四氟乙烯纤维	长方形	表面平滑
碳纤维	不规则的碳末状	黑而匀的长杆状
石棉	不均匀的灰黑糊状	粗细不匀
金属纤维	不规则的长方形或圆形	边线不直，黑色长杆状
玻璃纤维	透明圆珠形	表面平滑，透明
酚醛纤维	马蹄形	表面有条纹，类似中腔
聚砜酰胺纤维	似土豆形	表面似树叶状

附录二 常见各种纤维横截面和纵面形态 显微镜照片（附图1～附图35）

附图1 棉

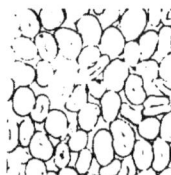

附图2 丝光棉

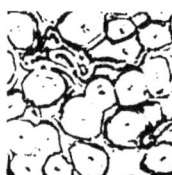

附图3 亚麻

附图4 苎麻

附图5 桑蚕丝

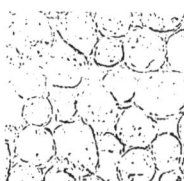

附图6 羊毛

附图7 牦牛绒

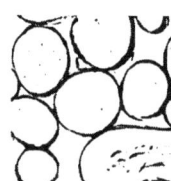

附图8 马海毛

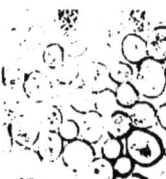

附图9 紫羊绒

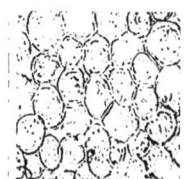

附图10 白羊绒

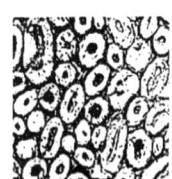

附图11 羊驼毛

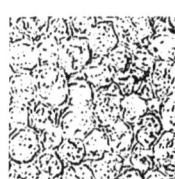

附图12 驼绒

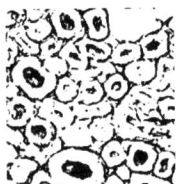

附图13　兔毛

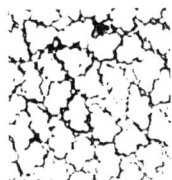

附图14　黏胶纤维

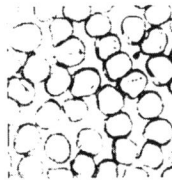

附图15　高湿模
量黏胶纤维

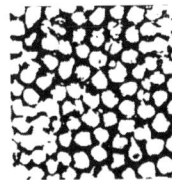

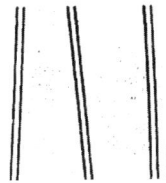

附图16　玻璃纤维

附图17　金属纤维

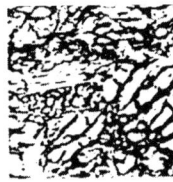

附图18　石棉

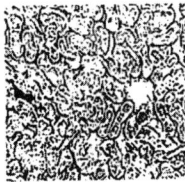

附图19　大豆蛋白
纤维

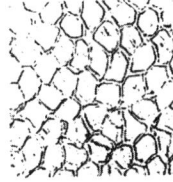

附图20　聚乳酸
纤维

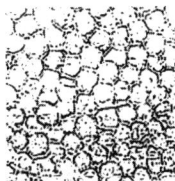

附图21　牛奶蛋白
改性聚丙烯腈纤维

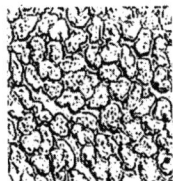

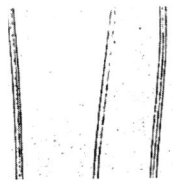

附图22　莫代尔
纤维

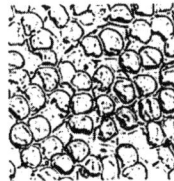

附图23　莱赛尔
纤维

附图24　竹纤维

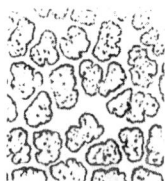

附图25　三醋酯纤维

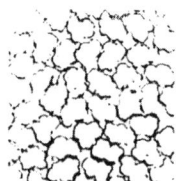

附图26　醋酯纤维

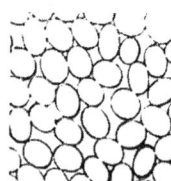

附图27　酚醛纤维

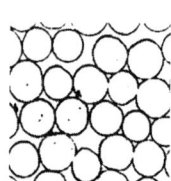

附图28　锦纶

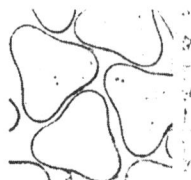
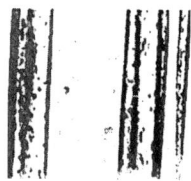

附图29　改性锦纶

附图30　改性涤纶

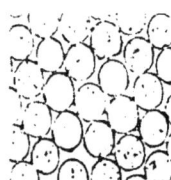

附图31　涤纶

附图32　腈纶

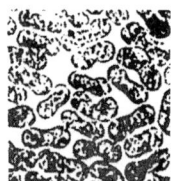

附图33　改性腈纶

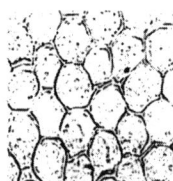
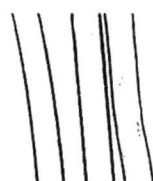

附图34　丙纶

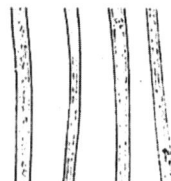

附图35　维纶

附录三　常见各种纤维燃烧状态描述（附表2）

附表2　常见各种纤维燃烧状态描述

纤维类别	燃烧状态			燃烧时的气味	残留物特征
	靠近火焰时	接触火焰时	离开火焰时		
棉	不熔不缩	立即燃烧	迅速燃烧	纸燃味	呈细而软的灰黑絮状
麻	不熔不缩	立即燃烧	迅速燃烧	纸燃味	呈细而软的灰白絮状
蚕丝	熔融卷曲	卷曲、熔融、燃烧	略带闪光，燃烧有时自灭	烧毛发味	呈松而脆的黑色颗粒
动物毛绒	熔融卷曲	卷曲、熔融、燃烧	燃烧缓慢，有时自灭	烧毛发味	呈松而脆的黑色焦炭状
竹纤维	不熔不缩	立即燃烧	迅速燃烧	纸燃味	呈细而软的灰黑絮状
黏胶纤维、铜氨纤维	不熔不缩	立即燃烧	迅速燃烧	纸燃味	呈少许灰白色灰烬
莱赛尔纤维、莫代尔纤维	不熔不缩	立即燃烧	迅速燃烧	纸燃味	呈细而软的灰黑絮状
醋酯纤维	熔缩	熔融燃烧	熔融燃烧	醋味	呈硬而脆不规则黑块
大豆蛋白纤维	熔缩	缓慢燃烧	继续燃烧	特异气味	呈黑色焦炭状硬块
牛奶蛋白改性聚丙烯腈纤维	熔缩	缓慢燃烧	继续燃烧，有时自灭	烧毛发味	呈黑色焦炭状，易碎
聚乳酸纤维	熔缩	熔融缓慢燃烧	继续燃烧	特异气味	呈硬而黑的圆珠状
涤纶	熔缩	熔融燃烧冒黑烟	继续燃烧，有时自灭	有甜味	呈硬而黑的圆珠状
腈纶	熔缩	熔融燃烧	继续燃烧，冒黑烟	辛辣味	呈黑色不规则小珠，易碎
锦纶	熔缩	熔融燃烧	自灭	氨基味	呈硬淡棕色透明圆珠状
维纶	熔缩	收缩燃烧	继续燃烧，冒黑烟	特有香味	呈不规则焦茶色硬块
氯纶	熔缩	熔融燃烧冒黑烟	自灭	刺鼻气味	呈深棕色硬块
氨纶	熔缩	熔融燃烧	开始燃烧后自灭	特异气味	呈白色胶状
芳纶1414	不熔不缩	燃烧冒黑烟	自灭	特异气味	呈黑色絮状
乙纶	熔缩	熔融燃烧	熔融燃烧，液态下落	石蜡味	呈灰白色蜡片状
丙纶	熔缩	熔融燃烧	熔融燃烧，液态下落	石蜡味	呈灰白色蜡片状
聚苯乙烯纤维	熔缩	收缩燃烧	继续燃烧，冒黑烟	略有芳香味	呈黑而硬的小球状
碳纤维	不熔不缩	像烧铁丝一样发红	不燃烧	略有辛辣味	呈原有状态
金属纤维	不熔不缩	在火焰中燃烧并发光	自灭	无味	呈硬块状

附录四 常见各种纤维的溶解性能（附表 3、附表 4）

附表3 常见各种纤维的溶解性能（一）

纤维	36%~38%盐酸		15%盐酸		70%硫酸		40%硫酸		1mol/L次氯酸钠		5%氢氧化钠	
	24~30℃	煮沸	24~30℃	煮沸	24~30℃	煮沸	24~30℃	煮沸	24~30℃	煮沸	24~30℃	煮沸
棉	I	P	I	P	S	S_0	I	P	I	P	I	I
麻	I	P	I	P	S	S_0	I	S_0	I	P	I	I
蚕丝	P	S	I	P	S	S_0	I	S_0	S	S_0	I	S_0
动物毛绒	I	P	I	I	I	S_0	I	S_0	S	S_0	I	S_0
黏胶纤维	S	S_0	I	P	S	S_0	I	S	I	P	I	I
莱赛尔纤维	S	S_0	I	P	S	S_0	I	S_0	I	I	I	I
莫代尔纤维	S	S_0	I	P	S	S_0	I	S	I	I	I	I
铜氨纤维	I	S_0	I	P	S_0	S_0	I	S_0	I	I	I	I
醋酯纤维	S	S_0	I	S	S_0	S_0	I	I	I	I	I	P
大豆蛋白纤维	P	S_0	P	S_0	P	S_0	I	S_0	I	S	I	I
聚乳酸纤维	I	I	I	I	I	S	I	I	I	I	I	I
涤纶	I	I	I	I	I	P	I	I	I	I	I	I
腈纶	I	I	I	I	S	S_0	I	I	I	I	I	I
锦纶66	S_0		I		S	S_0	S_0		I	I	I	I
氨纶	I	I	I	I	S	S	I	P	I	I	I	I
乙纶	I	I	I	I	I	□	I	I	I	I	I	I
丙纶	I	I	I	I	I	□	I	I	I	I	I	I
芳纶	I	I	I	I	I	I	I	I	I	I	I	I
碳纤维	I	I	I	I	I	I	I	I	I	I	I	I

注 S_0—立即溶解；S—溶解；P—部分溶解；□—块状；I—不溶解。

附表4 常见各种纤维的溶解性能（二）

纤维	88%甲酸		99%冰乙酸		铜氨		N, N-二甲基甲酰胺		丙酮		四氯化碳	
	24~30℃	煮沸	24~30℃	煮沸	24~30℃	煮沸	24~30℃	煮沸	24~30℃	煮沸	24~30℃	煮沸
棉	I	I	I	I	S	—	I	I	I	I	I	I
麻	I	I	I	I	S	—	I	I	I	I	I	I
蚕丝	I	I	I	I	S	—	I	I	I	I	I	I
动物毛绒	I	I	I	I	I	—	I	I	I	I	I	I
黏胶纤维	I	I	I	I	S_0	—	I	I	I	I	I	I
莱赛尔纤维	I	I	I	I	P	—	I	I	I	I	I	I
铜氨	I	I	I	I	S	—	I	I	I	I	I	I
醋纤	S_0	S_0	S	S_0	I	—	S	S_0	S_0	S_0	I	I
大豆蛋白纤维	I	S	I	I	I	—	I	I	I	I	I	I
聚乳酸纤维	I	□	I	P	I	—	I	S/P	I	P	I	P
涤纶	I	I	I	I	I	—	I	S/P	I	I	I	I
腈纶	I	I	I	I	I	—	S/P	S_0	I	I	I	I
锦纶66	S_0	S_0	I	S_0	I	—	I	I	I	I	I	I
氨纶	I	I	I	I	I	—	I	S_0	I	I	I	I
乙纶	I	I	I	I	I	—	I	I	I	I	I	I
丙纶	I	I	I	I	I	—	I	I	I	I	I	P
芳纶	I	I	I	I	I	—	I	I	I	I	I	I
碳纤维	I	I	I	I	I	—	I	I	I	I	I	I

注　S_0—立即溶解；S—溶解；P—部分溶解；□—块状；I—不溶解。

附录五　纤维检验员的国家职业技能标准

纤维检验员的国家职业技能标准（2019年版）（以下简称"该标准"），职业编码：4-08-05-02。

一、职业定义、方向

（1）该标准以"职业活动为导向、职业技能为核心"为指导思想，对纤维检验员从业人员的职业活动内容进行规范细致描述，对各等级从业者的技能水平和理论知识水平进行了明确规定。

（2）该标准依据有关规定将本职业分为五级/初级工、四级/中级工、三级/高级工、二级/技师和一级/高级技师五个等级，包括职业概况、基本要求、工作要求和权重表四个方面的内容。

（3）纤维检验员的职业定义是运用感官或使用仪器设备，进行纤维及其制品质量检验的人员。

（4）职业方向包含：棉花类纤维检验、麻类纤维检验、毛类纤维检验、茧丝类纤维检验、化学纤维检验、纤维及制品鉴别。是国家职业分类大典（2015版）中的新职业，于2017年9月列入国家职业资格目录清单，由供销合作社行业技能鉴定机构组织实施。

（5）职业能力特征：有较强的理解、判断能力，无色盲、色弱，有一定的空间感、形体知觉及计算能力。

二、申报条件

（1）取得技工学校本专业或相关专业毕业证书（含尚未取得毕业证书的在校应届毕业生）；取得经评估论证、以中级技能为培养目标的中等及以上职业学校本专业或相关专业毕业证书（含尚未取得毕业证书的在校应届毕业生）。可申报四级/中级工。

（2）取得本职业或相关职业四级/中级工职业资格证书（技能等级证书），并具有经评估论证、以高级技能为培养目标的高等职业学校本专业或相关专业毕业证书（含尚未取得毕业证书的在校应届毕业生）；具有大专及以上本专业或相关专业毕业证书，并取得本职业或相关职业四级/中级工职业资格证书（技能等级证书）后，累计从事本职业或相关职业工作2年（含）以上。可申报三级/高级工。

（3）具备以下条件之一者，可申报二级/技师：

①取得本职业或相关职业三级/高级工职业资格证书（技能等级证书）后，累计从事本职业或相关职业工作4年（含）以上。

②取得本职业或相关职业三级/高级工职业资格证书（技能等级证书）的高级技工学

校、技师学院毕业生，累计从事本职业或相关职业工作3年（含）以上；或取得本职业或相关职业预备技师证书的技师学院毕业生，累计从事本职业或相关职业工作2年（含）以上。

（4）具备以下条件之一者，可申报一级/高级技师：取得本职业或相关职业二级/技师职业资格证书（技能等级证书）后，累计从事本职业或相关职业工作4年（含）以上。

三、鉴定方式

分为理论知识考试、技能考核和综合评审三部分。理论知识考试以笔试、机考等方式为主，主要考核从业人员从事本职业应掌握的基本要求和相关知识要求；技能考核采用现场操作、模拟操作等方式进行，主要考核从业人员从事本职业应具备的技能水平；综合评审主要针对技师和高级技师，通常采用审阅申报材料、答辩等方式进行全面的评议和审查。

理论知识考试、技能考核和综合评审均实行百分制，成绩皆达60分（含）以上者为合格。

鉴定时间：理论知识考试时间不少于90min；技能考核时间不少于90min；技师和高级技师综合评审时间不少于30min。

鉴定场所设备：理论知识考试在标准教室内进行；技能考核在符合纤维及制品检验要求的纤维分级室、纤维品质检测室等场所进行。

四、基本要求

1. 职业道德、职业守则
（1）遵纪守法，实事求是。
（2）忠于职守，爱岗敬业。
（3）执行标准，科学严谨。
（4）精益求精，勇于创新。

2. 基础知识
（1）纤维概述。纺织纤维的概念与术语、纺织纤维的分类与特点、纺织纤维的基本性能、纺织纤维生产与加工、新型纤维发展状况。

（2）检验基础知识。纺织纤维标准及相关知识、纺织纤维检验方法与原理、纤维及制品鉴别方法、计量知识。

（3）数据处理基础知识。数值修约规则、统计分析基本知识。

（4）安全生产与环境保护知识。仪器设备安全使用知识、用电用气安全知识、安全防火知识、化学试剂安全使用知识。

（5）法律法规知识。《中华人民共和国劳动法》《中华人民共和国劳动合同法》《中华人民共和国消费者权益保护法》《中华人民共和国标准化法》《中华人民共和国标准化法实施条例》《中华人民共和国产品质量法》《中华人民共和国知识产权法》相关知识。

3. 工作要求

标准对五级/初级工、四级/中级工、三级/高级工、二级/技师和一级/高级技师的技能要求和相关知识要求依次递进，高级别涵盖低级别的要求。

根据所从事的工作，各级别在"棉花类纤维检验""麻类纤维检验""毛类纤维检验""茧丝类纤维检验""化学纤维检验"和"纤维及制品鉴别"六个方向中选择一个方向进行考核。

4. 三级/高级工

（1）工作内容：抽样。

样品抽取：能完成相应类别纤维检验从抽取纤维批样到制备试验试样全过程的样品抽取；能按检验项目要求调整样品抽样方案。

样品制备：能制备相应类别纤维全检样品检验项目的试验样品；前处理相应类别纤维全检样品检验项目的试验样品。

（2）检验前准备。

纤维标准样品的使用：能用标准样品校准仪器；能判别标准样品状态。

仪器设备的调试、使用与维护：能判断常见仪器故障；能维护相关仪器设备。

（3）检验。

①棉花类纤维检验。能检验棉纤维长度；能检验棉纤维长度整齐度指数；能检验棉纤维短纤维率；能检验棉纤维马克隆值；能检验棉纤维断裂比强度；能检验棉纤维线密度；能检验棉纤维成熟度。

需要的相关知识：棉纤维检验相关国家标准、行业标准；人工光照分级室设计及模拟昼光照明要求；仪器化公证检验设备及相关知识；仪器化检验方法和系统校正；光学显微镜、偏光显微镜的使用方法；棉纤维线密度试验方法（中段称重法）；棉纤维成熟度试验方法（中腔胞壁对比法、显微镜法、偏振光法）。

②毛绒类纤维检验。能检验绵羊毛乙醇萃取物、灰分、植物性杂质和总碱不溶物含量（化学法）；能检验羊毛及其他动物纤维平均直径（光学纤维直径分析仪法）；能检验羊毛纤维平均直径（激光纤维直径分析仪法）；能检验绵羊毛洗净率、净毛率、净毛公量、洗净毛量盈亏率、净毛量盈亏率；能检验毛绒类束纤维断裂强力；能检验毛绒纤维类型含量。

③茧丝类纤维检验。能检验茧丝类纤维的含胶率；能检验茧丝类纤维的绒毛；能根据所有检测项目的检测结论确认其所对应的品质级别；能对茧丝类纤维的基本性质及形态特征进行分类。

④化学纤维检验。能检验化学纤维含油率；能检验化学纤维阻燃性能；能检验化学纤维异形度；能检验化学纤维中空度；能检验化学纤维长丝染色均匀度；能检验化学纤维长丝网络；能检验化学纤维长丝网络度。

⑤纤维及制品鉴别。能对纤维及制品进行横截面检测；能按照现行标准要求配制常用的化学试剂；能对已知定性结论的多组分纤维用化学溶解法进行含量分析试验；能对常

用的特种动物纤维进行准确定性；能对已定性的动物毛纤维利用投影显微镜法进行含量检测。

需要的相关知识：纤维及制品鉴别的相关国家标准、行业标准；纤维横截面检测方法；化学法多组分纤维含量分析的基本知识及检测要求；现行化学溶解法纤维；含量分析检验标准；特种动物纤维纵向及横截面的基本形态；用显微镜法对特种动物纤维含量分析的基本原理及方法。

（4）数据处理。

结果计算：能根据试验要求进行数据计算；能出具检验报告。

数据分析：能对检测结果进行分析判断；能对影响检验结果的因素进行分析。

需要的相关知识：精密度的概念；相关试验方法标准；精密度检验方法；相关试验全过程的误差分析。

5. 二级 / 技师

（1）检验前的准备。

标准样品的使用：能对各类纤维实物标准进行状态判断；能按照相关标准制作试验室工作用标准样品。

常用仪器设备的使用和维护：能参与安装常规仪器设备；能调试常规仪器设备。

（2）项目检验：纤维及制品鉴别（以此为例）。

能按相关标准完成纤维及制品鉴别的全项目检验；能确定检测参数及对误差的判定；能解决纤维及制品鉴别中出现的一般问题；能结合公定回潮率计算最终的纤维含量结果。

（3）数据处理。

结果计算：对检验结果进行精密度检验；能对原始记录及检测结果进行审核。

数据分析：能根据试验要求进行数据分析；能对纤维检验结果做出系统的误差分析。

（4）培训指导。

（5）技术管理。

6. 一级 / 高级技师

项目检验：纤维及制品鉴别（以此为例）

能对已知定性结论的两种及以上纤维混纺样品设计试验方案，确定试验方法；能对多组分特种动物毛纤维与其他化学纤维的混合样品进行含量检测；能评估检验过程及检测结果。

需要的相关知识：纤维及制品鉴别的相关国家标准、行业标准；显微镜法对特种动物纤维含量分析原理及方法要求；化学法纤维含量分析原理及方法要求；纤维及制品鉴别项目的质量控制。

五、职业技能鉴定权重

职业技能鉴定包括理论知识和技能操作，各个级别的重点考核内容和难度不同，相关知识和相关技能要求的权重也不同。例如，高级工，理论知识考核中，职业道德5%，基础知识15%，抽样5%，检验前的准备10%，项目检验55%（任选一项），数据处理10%；技能操作考核中，抽样10%，检验前的准备20%，项目检验60%（任选一项），数据处理10%。

一级/高级技师，理论知识考核中，职业道德5%，基础知识5%，抽样5%，检验前的准备5%，项目检验40%（任选一项），数据处理10%，培训指导10%，技术管理20%；技能操作考核中，抽样5%，检验前的准备10%，项目检验45%（任选一项），数据处理10%，培训指导10%，技术管理20%。